风景园林建设丛书
园林工程技术培训教材

图解园林工程设计施工

张柏　主编

U0301451

化学工业出版社

·北京·

《图解园林工程设计施工》主要包括园林地形设计、路桥工程、园林假山景石工程、园林挡墙工程、园林砌筑工程、园林给水排水工程以及园林供电工程等内容。本书集实用、形象于一体，具有较强的工程针对性、示范性与可操作性。

本书可供从事园林工程设计、施工、管理的人员使用，也可供相关专业大中专院校及职业学校的师生学习参考。

图书在版编目（CIP）数据

图解园林工程设计施工/张柏主编. —北京：化学工业出版社，2017.1
（风景园林建设丛书，园林工程技术培训教材）
ISBN 978-7-122-28500-3

Ⅰ.①图⋯　Ⅱ.①张⋯　Ⅲ.①园林设计-技术培训-教材②园林-工程施工-技术培训-教材　Ⅳ.①TU986

中国版本图书馆 CIP 数据核字（2016）第 270515 号

责任编辑：袁海燕　　　　　　　　　文字编辑：向　东
责任校对：王素芹　　　　　　　　　装帧设计：关　飞

出版发行：化学工业出版社（北京市东城区青年湖南街 13 号　邮政编码 100011）
印　　刷：北京云浩印刷有限责任公司
装　　订：三河市骏发装订厂
850mm×1168mm　1/32　印张 8　字数 212 千字
2017 年 3 月北京第 1 版第 1 次印刷

购书咨询：010-64518888（传真：010-64519686）
售后服务：010-64518899
网　　址：http://www.cip.com.cn
凡购买本书，如有缺损质量问题，本社销售中心负责调换。

定　价：35.00 元

《图解园林工程设计施工》
编写人员

主编
张　柏

参编
王　琦	沈　田	何　英	马长乐
白尚斌	李悦丰	赵子仪	刘卫国
赵德福	左丹丹	白雅君	刘英慧
李　新	林　毅	高献东	

前言

园林工程主要研究园林建设的工程技术，包括地形改造的土方工程，假山、置石工程，园林驳岸工程，喷泉工程，园林的给水排水工程，园路工程，种植工程等。园林工程的特点是以工程技术为手段，塑造园林艺术的形象。园林工程如何施工，造型显得尤为重要。园林工程的中心内容是：如何在综合发挥园林的生态效益、社会效益和经济效益功能的前提下，处理园林中的工程设施与风景园林景观之间的关系。基于此原因，编者就园林工程进行了深入的研究，并且根据在工作中积累的实践经验，编写了这本《图解园林工程设计施工》。

本书主要包括园林地形设计、路桥工程、园林假山景石工程、园林挡墙工程、园林砌筑工程、园林给水排水工程以及园林供电工程等内容。本书集实用、形象于一体，具有较强的工程针对性、示范性与可操作性。可供从事园林工程设计、施工、管理的人员使用。

由于编者的学识和经验所限，虽尽心尽力，但书中仍难免存在疏漏或未尽之处，恳请广大读者和专家批评指正。

编者
2016 年 10 月

目录

1 园林地形设计 / 1

2 路桥工程 / 17

3 园林假山景石工程 / 86

4 园林挡墙工程 / 130

5 园林砌筑工程 / 157

6 园林给水排水工程 / 208

园林地形设计

1.1 园林工程地形设计

1.1.1 用等高线表示的地形图

用等高线表示的地形图如图 1-1 所示。

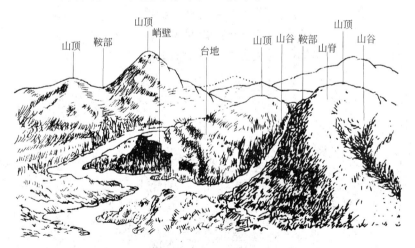

图 1-1

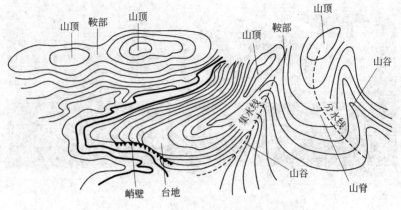

图 1-1　用等高线表示的地形图

1.1.2　园林地形设计坡度、斜率、倾角选用图表

园林地形设计坡度、斜率、倾角选用图表如图 1-2 所示。

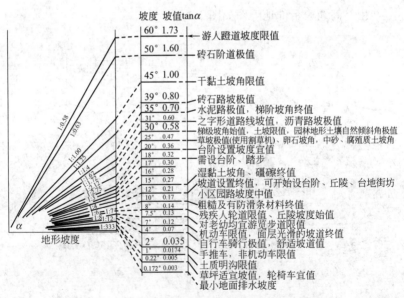

图 1-2　园林地形设计坡度、斜率、倾角选用图表

1.1.3　平垫沟谷、削平山脊的设计等高线

在园林建设中，平垫沟谷、削平山脊是经常遇到的施工项目。这类场地的设计可以用平直的等高线和拟平垫（或削平）部分的同值等高线连接，其连接点就是不挖不填的点，也叫"零点"；相邻的点的连线，叫"零点线"，也就是挖（或填）土的范围。若工程不需按某一指定坡度进行，则设计时，只需将拟平垫（或削平）的范围，在图上大致框出，再以平直的同值等高线连接原地形等高线即可。如要将沟谷（或山脊）部分依指定坡度平整成场地时，则所设计的等高线应互相平行、间距相等，如图1-3所示。从图上可以看出，同样的一组等高线，标高数值相反时，则一为沟谷，一为山脊。

1.1.4　地形设计中坡度值的取用

地形设计中坡度值的取用见表1-1。

表 1-1　地形设计中坡度值的取用

项目　　　　坡度值 i		适宜的坡度/%	极值/%
游览步道		≤8	≤12
散步坡道		1～2	≤4
主园路（通机动车）		0.5～6(8)	0.3～10
次园路（园务便道）		1～10	0.5～15
次园路（不通机动车）		0.5～12	0.3～20
广场与平台		1～2	0.3～3
台阶		33～50	25～50
停车场地		0.5～3	0.3～8
运动场地		0.5～1.5	0.4～2
游戏场地		1～3	0.8～5
草坡		≤25～30	≤50
种植林坡		≤50	≤100
理想自然草坪（有利机械修剪）		2～3	1～5
明沟	自然土	2～9	0.5～15
	铺装	1～50	0.3～100

1.1.5　断面图表示设计地形法

断面图法是表达设计地形及原有地形状况的一种方法。断面图

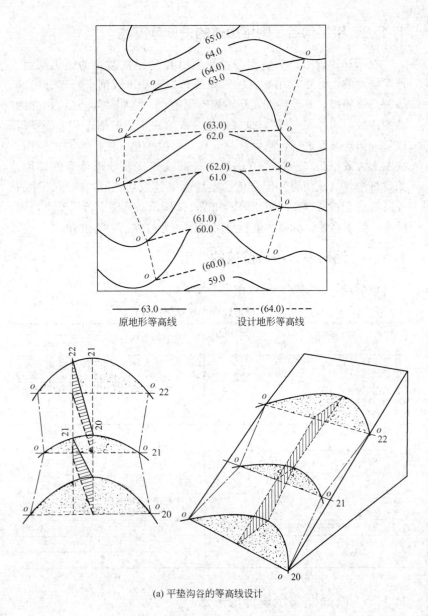

(a) 平垫沟谷的等高线设计

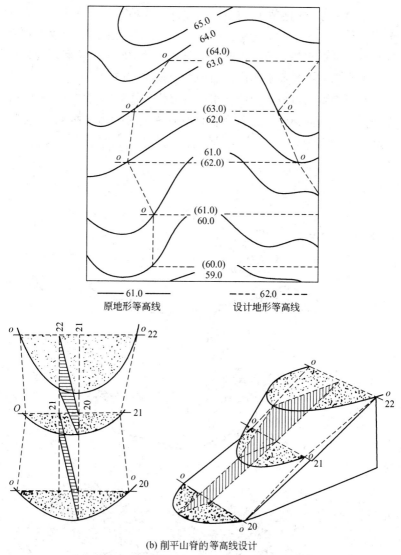

65.0
64.0
(64.0)
63.0
(63.0)
62.0
61.0
(62.0)
(61.0)
60.0
(60.0)
59.0

—— 61.0 ——
原地形等高线

----- 62.0 -----
设计地形等高线

(b) 削平山脊的等高线设计

图1-3 平垫沟谷、削平山脊的等高线设计

表示了地形按比例在纵向与横向的变化。这种方法可以使视觉形象更明了地表达实际形象轮廓。同时，也可以说明地形上地物相对位置和室内外标高的关系；说明植物分布及林木空间的轮廓与景观以及在垂直空间内地面上不同界面的处置效果。

断面的取法可以选择园林用地具有代表性的轴线方向，其纵向坐标为地形与断面交线上各点的标高，横向坐标为地面水平长度，如图1-4(a)所示。

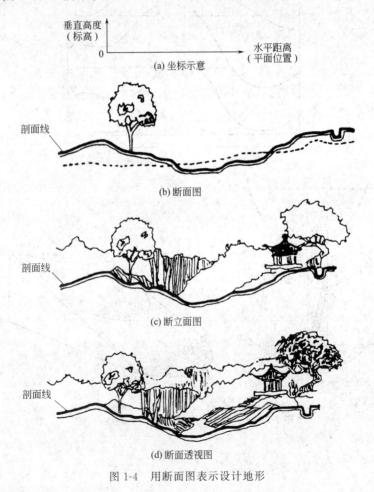

垂直高度
（标高）

0

水平距离
（平面位置）

(a) 坐标示意

剖面线

(b) 断面图

剖面线

(c) 断立面图

剖面线

(d) 断面透视图

图1-4 用断面图表示设计地形

表 1-2 图解法确定平整标高 H_0 的位置

序号	坡地类型	平面图式	立体图式	H_0 点（或线）的位置	备注
1	单坡向 一面坡				场地形状为正方形或矩形 $H_A = H_B$ $H_C = H_D$ $H_A > H_D$ $H_B > H_C$
2	双坡向 双面坡				场地形状同上 $H_P = H_Q$ $H_A = H_B = H_C = H_D$ 等 H_P（或 H_Q）$> H_A$ 或 H_C
3	双坡向 一面坡				场地形状同上 $H_A > H_B$ $H_A > H_D$ $H_B \geqslant H_D$ 或 $H_B \leqslant H_D$ $H_B > H_C$ $H_D > H_C$

序号	坡地类型	平面图式	立体图式	H_0 点（或线）的位置	备注
4	三坡向双面坡				场地形状同上 $H_P > H_Q$ $H_P > H_A$ $H_P > H_B$ $H_A > H_Q ≥ H_B$ 或 $H_A ≤ H_Q ≤ H_B$ $H_B > H_C$ $H_A > H_D$ $H_B > H_C$ $H_Q > H_C$（或 H_D）
5	四坡向四面坡				场地形状同上 $H_A = H_B = H_C = H_D$ $H_O > H_A$
6	圆锥状				场地形状为圆形，半径为 R，高度为 h 的圆锥体

断面图在地形设计中的表现方式有五种，如图 1-4（c）、（d）所示，可用于不同场合。另外，在各式断面图上也可同时表示原地形轮廓线（用虚线表示），如图 1-4（b）所示。

断面法一般不能全面反映园林用地的地形地貌。当断面过多时既烦琐，又容易混淆。因此一般仅用于要求粗放且地形狭长的地段的地形设计及表达，或将其作为设计等高线法的辅助图，以便较直观地说明设计意图。对于用等高线法表示的设计地形，借助断面图可以确认其竖向上的关系及其视觉效果。

1.1.6 图解法确定平整标高 H_0 的位置

图解法确定平整标高 H_0 的位置见表 1-2。

1.2 园林工程地形施工

1.2.1 方格网计算土方量公式

方格网计算土方量公式见表 1-3。

表 1-3 方格网计算土方量公式

挖填情况	平面图式	立体图式	计算公式
四点全为填方（或挖方）时	h_1 h_2 V a h_3 h_4 a	h_2 h_1 h_4 h_3	$\pm V = \dfrac{a^2 \times \sum h}{4}$
两点填方两点挖方时	$+h_1$ $+h_2$ c b $+V$ o o $-V$ o $-h_3$ $-h_4$ a	$+h_2$ $+h_1$ o o $-h_3$ $-h_4$	$\pm V = \dfrac{a(b+c)\sum h}{8}$

挖填情况	平面图式	立体图式	计算公式
三点填方（或挖方）一点挖方（或填方）时			$\mp V = \dfrac{bc \sum h}{6}$ $\pm V = \dfrac{(2a^2 - bc)\sum h}{10}$
相对两点为填方（或挖方）余两点为挖方（或填方）时			$\mp V = \dfrac{bc \sum h}{6}$ $\mp V = \dfrac{de \sum h}{6}$ $\pm V = \dfrac{(2a^2 - bc - de)\sum h}{6}$

1.2.2 土方挖方填方坡度表

土方挖方填方坡度见表 1-4～表 1-7。

表 1-4　永久性土工结构物挖方的边坡坡度

项次	挖方性质	边坡坡度
1	在天然湿度,层理均匀,不易膨胀的黏土、砂质黏土、黏质砂土和砂类土内挖方深度≤3m 者	1∶1.25
2	土质同上,挖深 3～12m	1∶1.5
3	在碎石土和泥炭岩土内挖方,深度为 12m 及 12m 以下,根据土的性质,层理特性和边坡高度确定	1∶(0.5～1.5)
4	在风化岩石内的挖方,根据岩石性质、风化程度、层理特性和挖方深度确定	1∶(0.2～1.5)
5	在轻微风化岩石内的挖方,岩石无裂缝且无倾向挖方坡脚的岩层	1∶0.1
6	在未风化的完整岩石内挖方	直立的

表 1-5 深度在 5m 之内的基坑基槽和管沟边坡的最大坡度（不加支撑）

项次	土类名称	边坡坡度		
		人工挖土并将土抛于坑、槽或沟的上边	机械施工	
			在坑、槽或沟底挖土	在坑、槽及沟的上边挖土
1	砂土	1：0.75	1：0.67	1：1
2	黏质砂土	1：0.67	1：0.5	1：0.75
3	砂质黏土	1：0.5	1：0.33	1：0.75
4	黏土	1：0.33	1：0.25	1：0.67
5	含砾石卵石土	1：0.67	1：0.5	1：0.75
6	泥灰岩白垩土	1：0.33	1：0.25	1：0.67
7	干黄土	1：0.25	1：0.1	1：0.33

注：如人工挖土不把土抛于坑、槽和沟的上边，而是随时把土运往弃土场时，则应采用机械在坑、槽沟底挖土时的坡度。

表 1-6 永久性填方的边坡坡度

项次	土的种类	填方高度/m	边坡坡度
1	黏土、粉土	6	1：1.5
2	砂质黏土、泥灰岩土	6～7	1：1.5
3	黏质砂土、细砂	6～8	1：1.5
4	中砂和粗砂	10	1：1.5
5	砾石和碎石块	10～12	1：1.5
6	易风化的岩石	12	1：1.5

表 1-7 临时性填方的边坡坡度

项次	土的种类	填方高度/m	边坡坡度
1	砾石土和粗砂土	12	1：1.25
2	天然湿度的黏土、砂质黏土和砂土	8	1：1.25
3	大石分泌物	6	1：0.75
4	大石块(平整的)	5	1：0.5
5	黄土	3	1：1.5

1.2.3 土的工程分类及土壤的可松性

土的工程分类见表 1-8。

表 1-8　土的工程分类

级别	编号	名称	天然含水量状态下土壤的平均表观密度/(kg/m³)	开挖方法工具
I	1	砂	1500	用铁锹挖掘
	2	植物性土壤	1200	
	3	壤土	1600	
II	1	黄土类黏土	1600	用锹和略用丁字镐翻松
	2	15mm 以内的中小砾石	1700	
	3	砂质黏土	1650	
	4	混有碎石与卵石的腐殖土	1750	
III	1	稀软黏土	1800	用锹和镐局部采用撬棍开挖
	2	15～40mm 的碎石及卵石	1750	
	3	干黄土	1800	
IV	1	重质黏土	1950	用锹、镐、撬棍局部采用凿子和铁锤开挖
	2	含有 50kg 以下块石的黏土块石所占体积<10%	2000	
	3	含有 10kg 以下石块的粗卵石	1950	
V	1	密实黄土	1800	由人工用撬棍、镐或用爆破方法开挖
	2	软泥灰岩	1900	
	3	各种不坚实的页岩	2000	
	4	石膏	2200	

土壤的可松性见表 1-9。

表 1-9　各级土壤的可松性

序号	土壤的级别	体积增加百分数/%		可松性系数	
		最初	最后	K_P	K'_P
1	I（植物性土壤除外）	8～17	1～2.5	1.08～1.17	1.01～1.025
2	I（植物性土壤、泥炭、黑土）	20～30	3～4	1.20～1.30	1.03～1.04
3	II	14～28	1.5～5	1.14～1.30	1.015～1.05
4	III	24～30	4～7	1.24～1.30	1.04～1.07
5	IV（泥灰岩蛋白石除外）	26～32	6～9	1.26～1.32	1.06～1.09
6	IV（泥灰岩蛋白石）	33～37	11～15	1.33～1.37	1.11～1.15
7	V～VII	30～45	10～20	1.30～1.45	1.10～1.20
8	VIII～XVI	45～50	20～30	1.45～1.50	1.20～1.30

1.2.4　园林挖湖施工顺序

园林土方施工中多用明沟，将水引至集水井，再用水泵抽走。一般按排水面积和地下水位的高低来安排排水系统，先定出主干渠和集水井的位置，再定支渠的位置和数目，土壤含水量大要求排水迅速的，支渠分支应密些，其间距按 1.5m，反之可疏。

在挖湖施工中，排水明沟的深度，应深于水体挖深。沟可一次挖到底，也可依施工情况分层下挖，采用哪种方式可根据出土方向决定，如图 1-5、图 1-6 所示。

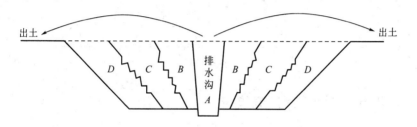

图 1-5　排水沟一次挖到底，双向出土挖湖施工示意

A、B、C、D 为开挖顺序

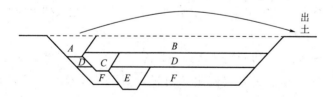

图 1-6　排水沟分层挖掘，单向出土挖湖施工示意图

A、C、E 为排水沟；A、B、C、D、E、F 为开挖顺序

1.2.5　自然地形的放线

如挖湖堆山等，也是将施工图纸上的方格网测设到地面上，然

后将堆山或挖湖的边界线以及各条设计等高线与方格线的交点，一一标到地面上并打桩（对于等高线的某些弯曲段或设计地形较复杂要求较高的局部地段，应附加标高桩或者缩小方格网边长而另设方格控制网，以保证施工质量）。木桩上也要标明桩号及施工标高，如图 1-7 所示。

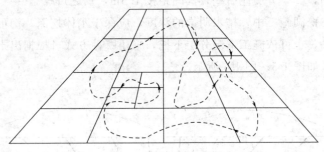

图 1-7　自然地形的放线

1.2.6　开湖挖槽打桩放线

挖湖工程的放线工作与堆山基本相同，但由于水体挖深一般较一致，而且池底常年隐没在水下，放线可以粗放些。岸线和岸坡的定点放线应准确，这不仅因为它是水上造景部分，而且和水体岸坡的工程稳定有很大关系。为了精确施工，可以用边坡样板控制边坡坡度，如图 1-8 所示。

开挖沟槽时，用打桩放线的方法在施工中木桩易被移动，从而影响校核工作，所以应使用龙门板，如图 1-9 所示。每隔 30～100m 设龙门板一块，其间距视沟渠纵坡的变化情况而定。板上应标明沟渠中心线位置、沟上口和沟底的宽度等。板上还要设坡度样板，用坡度样板来控制沟渠纵坡。

1.2.7　园林土方填筑

填土应满足工程的质量要求，土壤质量需根据填方用途和要求

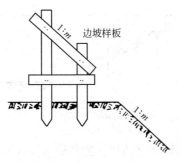

图 1-8　边坡样板

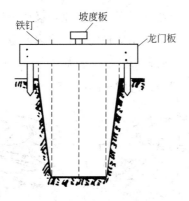

图 1-9　龙门板

加以选择。土方调配方案不能满足实际需要时应予以重新调整。

① 大面积填方应分层填筑，一般每层 30～50cm，并应层层压实。

② 斜坡上填土，为防止新填土方滑落，应先将土坡挖成台阶状，如图 1-10 所示，然后再填土，有利于新旧土方的结合，使填土稳定。

③ 土山填筑时，土方的运输路线应以设计的山头及山脊走向为依据，并结合来土方向进行安排。一般以环形线为宜，车辆或人

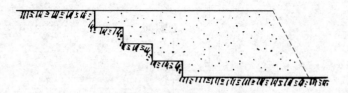

图 1-10　斜坡先挖成台阶状，再行填土

挑满土载上山，土卸在路两侧，空载的车（人）沿路线继续前行下山，车（人）不走回头路，不交叉穿行，如图 1-11(a) 所示，路线畅通，不会逆流相挤。随着不断地卸土，山势逐渐升高，运土路线也随之升高，这样既组织了车（人）流，又使山体分层上升，部分土方边卸边压实，有利于山体稳定，山体表面也较自然。如果土源有几个来向，运土路线可根据地形特点安排几个小环路，如图 1-11(b) 所示，小环路的布置安排应互不干扰。

(a) 环山形　　　　　　　　　　　　　　(b) 群山形

图 1-11　堆山路线组织示意

路桥工程

2.1 园路工程

2.1.1 园路工程概述

(1) 园路分类

① 路堑型 凡是园路的路面低于周围绿地，道牙高于路面，起到阻挡绿地水土作用的一类园路，统称路堑型，如图2-1所示。

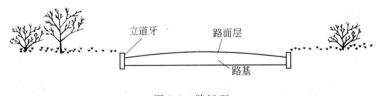

图 2-1 路堑型

② 路堤型 路堤型是指园路路面高于两侧绿地，道牙高于路面，道牙外有路肩，路肩外有明沟和绿地加以过渡，如图2-2所示。

③ 特殊型 有别于前两种类型，同时结构形式较多的一类统称为特殊型，包括步石、汀步、磴道、攀梯等，如图2-3、图2-4

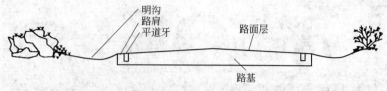

图 2-2　路堤型

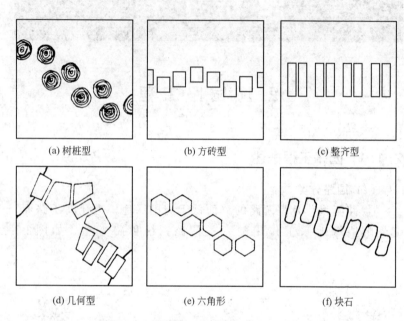

(a) 树桩型　　　　　　(b) 方砖型　　　　　　(c) 整齐型

(d) 几何型　　　　　　(e) 六角形　　　　　　(f) 块石

图 2-3　步石与汀步

所示，这类道路在现代园林中的应用越来越广，其形态变化很大，应用得好，往往能达到意想不到的造景效果。

（2）园路的设计要求

① 对于总体规划时确定的园路平面位置及宽度应再次核实，并做到主次分明。在满足交通要求的情况下，道路宽度应趋于下限值，以扩大绿地面积的比例。游人及各种车辆的最小运动宽度，见表 2-1。

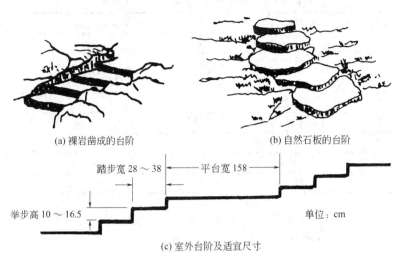

(a) 裸岩凿成的台阶

(b) 自然石板的台阶

踏步宽 28～38 平台宽 158

举步高 10～16.5 单位：cm

(c) 室外台阶及适宜尺寸

(d) 蹬道

图 2-4 台阶与蹬道

表 2-1　游人及各种车辆的最小运动宽度

交通种类	最小宽度/m
单人	≥0.75
自行车	0.60
三轮车	1.24
手扶拖拉机	0.84～1.50
小轿车	2.00
消防车	2.06
卡车	2.50
大轿车	2.66

② 行车道路转弯半径在满足机动车最小转弯半径条件下，可结合地形、景物灵活处置，如图 2-5 所示。

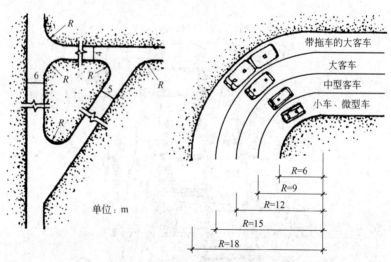

图 2-5　园路转弯半径的确定

③ 园路的曲折迂回应有目的性。一方面曲折应是为了满足地形物质及功能上的要求，如避绕障碍、串联景点、围绕草坪、组织景观、增加层次、延长游览路线、扩大视野等；另一方面应避免无艺术性、功能性和目的性的过多弯曲。

当车辆在弯道上行驶时，为了使车体顺利转弯，保证行车安全，要求弯道上部分应为圆弧曲线，该曲线称为平曲线，其半径称为平面线半径，如图 2-6（a）所示。

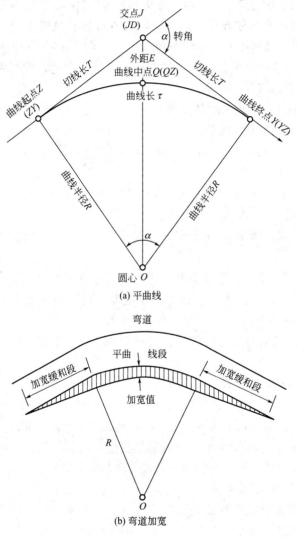

(a) 平曲线

(b) 弯道加宽

图 2-6　平曲线图与弯道加宽图

由于园路的设计车速较低，一般可以不考虑行车速度，只要满足汽车本身（前后轮间距）的最小转弯半径即可。因此，平曲线最小半径一般不小于6m。

当汽车在弯道上行驶时，由于前轮的轮迹较大，后轮的轮迹较小，出现轮迹内移现象，同时，本身所占宽度也较直线行驶时为大，弯道半径越小，这一现象越严重。为了防止后轮驶出路外（掉道），车道内侧（尤其是小半径弯道）需适当加宽，称为曲线加宽（又称弯道加宽），如图2-6（b）所示。

a. 曲线加宽值与车体长度的平方成正比，与弯道半径成反比。

b. 当弯道中心线平曲线半径 $R > 200 \text{m}$ 时可不必加宽。

c. 为使直线路段上的宽度逐渐过渡到弯道上的加宽值，需设置加宽缓和段。

d. 园路的分支和交汇处，为了通行方便，应加宽其曲线部分，使其线形圆润、流畅，形成优美的视觉效应。

④ 园路根据造景的需要，应随形就势，一般随地形的起伏而起伏。

⑤ 在满足造景艺术要求的情况下，尽量利用原地形，以保证路基稳定，减少土方量。行车路段应避免过大的纵坡和过多的折点，使线形平顺。

⑥ 园路应与相连的广场、建筑物和城市道路在高程上有合理的衔接。

⑦ 园路应配合组织地面排水。

⑧ 纵断面控制点应与平面控制点一并考虑，使平、竖曲线尽量错开，注意与地下管线的关系，达到经济、合理的要求。

⑨ 行车道路的竖曲线应满足车辆通行的基本要求，应考虑常见机动车辆外形尺寸对竖曲线半径及会车安全的要求。

纵横向坡度要求如下：

① 纵向坡度 即道路沿其中心线方向的坡度。园路中，行车道路的纵坡一般为 $0.3\% \sim 8\%$，以保证路面水的排除与行车的安全；游步道，特殊路段应不大于12%。

② 横向坡度　即道路垂直于其中心线方向的坡度。为了方便排水，园路横坡一般在 $1\%\sim4\%$ 之间，呈两面坡。弯道处因设超高而呈单向横坡。

不同材料路面的排水能力不同，其所要求的纵横坡度也不同，见表2-2。

表 2-2　各种路面的纵横坡度　　　　单位：%

路石类型	纵坡				横坡	
	最小	最大		特殊	最小	最大
		游览大道	园路			
水泥混凝土路面	3	60	70	100	1.5	2.5
沥青混凝土路面	3	50	60	100	1.5	2.5
块石、碎砖路面	4	60	80	110	2	3
拳石、卵石路面	5	70	80	70	3	4
粒料路面	5	60	80	80	2.5	3.5
改善土路面	5	60	60	80	2.5	4
游步小道	3	—	80	—	1.5	3
自行车道	3	30	—	—	1.5	2
广场、停车场	3	60	70	100	1.5	2.5
特别停车场	3	60	70	100	0.5	1

某园路纵断面图如图2-7所示。由图可以看出，在 K0＋760 处有一半径为 1000m 的凸竖曲线，在 K1＋000 处有一半径为 1500m 的凹竖曲线，K0＋760～K0＋900 的纵坡为 2%，坡长为 140m，K0＋900～K1＋000 的纵坡为 1%，坡长为 100m，K1＋000～K1＋080 的纵坡为 2.92%，坡长为 160m，还有 5 个平曲线，分别在 K0＋760、K0＋840、K0＋900、K1＋000 和 K1＋040 处，半径分别为 20m、15m、100m、15m 和 200m。

③ 弯道超高　当汽车在弯道上行驶时，产生横向推力即离心力。这种离心力的大小，与行车速度的平方成正比，与平曲线半径成反比。为了防止车辆向外侧滑移及倾覆，抵消离心力的作用，就需将路的外侧抬高，即为弯道超高。设置超高的弯道部分（从平曲线起点至终点）形成了单一向内侧倾斜的横坡。为了便于直线路段

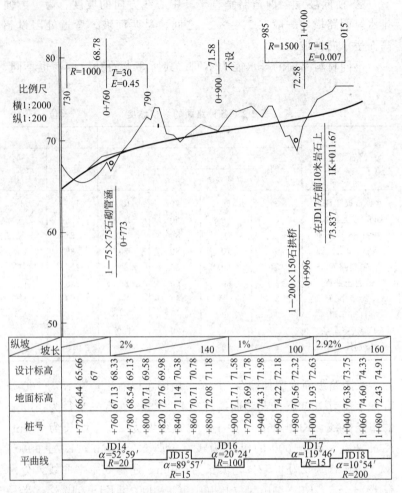

图 2-7　园路纵断面图

纵坡　坡长		2%		140	1%		100	2.92%		160

比例尺
横1:2000
纵1:200

$R=1000$　$T=30$　$E=0.45$

$R=1500$　$T=15$　$E=0.007$

71.58　不设

1—75×75石砌管涵　0+773

1—200×150石拱桥　0+996

在JD17左前10米岩石上　1K+011.67　73.837

项目																		
设计标高	65.66	67	68.33	69.13	69.58	69.98	70.38	70.78	71.18	71.58	71.78	71.98	72.18	72.32	72.63	73.75	74.33	74.91
地面标高	66.44	67.13	68.54	70.71	72.76	71.14	70.71	72.08	71.71	73.69	74.31	74.22	70.56	71.93		76.38	74.60	72.43
桩号	+720	+760	+780	+800	+820	+840	+860	+880	+900	+720	+940	+960	+980	1+000		1+040	1+060	1+080

平曲线
JD14　$\alpha=52°59'$　$R=20$
JD15　$\alpha=89°57'$　$R=15$
JD16　$\alpha=20°24'$　$R=100$
JD17　$\alpha=119°46'$　$R=15$
JD18　$\alpha=10°54'$　$R=200$

的双向横坡与弯道超高部分的单一横坡有平顺衔接，应设置超高缓和段，如图 2-8、图 2-9 所示。

（3）园路结构

园路建设投资较大，为节省资金和保证使用寿命，在园路结构设计时应尽量使用当地材料，或选用建筑废料、工业废渣等，并遵

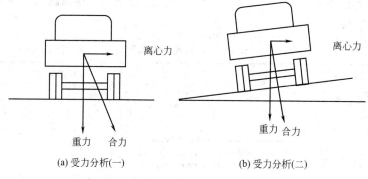

(a) 受力分析(一)　　　　　　　　(b) 受力分析(二)

图 2-8　汽车在弯道上行驶受力分析图

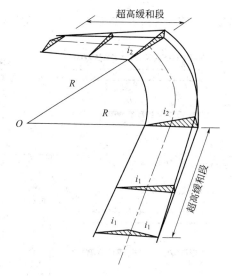

图 2-9　弯道超高

循薄面、强基、稳基土的设计原则。

　　路基强度是影响道路强度的主要因素。当路基不够坚实时，应考虑增加基层或垫层的厚度，可减少造价较高面层的厚度，以达到经济安全的目的。

　　总之，应充分考虑当地土壤、水文、气候条件和材料供应情况以及使用性质，满足经济、实用、美观的要求。常用园路结构图见表2-3。

表 2-3　常用园路结构图　　　　单位：mm

编号	类型	简图	技术性能
1	石板嵌草路		①100 厚石板 ②50 厚黄砂 ③素土夯实 注:石缝 30～50 嵌草
2	卵石嵌草路		①70 厚预制混凝土嵌卵石 ②50 厚 M2.5 混合砂浆 ③一步灰土 ④素土夯实
3	方砖路		①500×500×100 C15 混凝土方砖 ②50 厚粗砂 ③150～250 厚灰土 ④素土夯实 注:胀缝加 10×95 橡皮条
4	水泥混凝土路		①80～150 厚 C20 混凝土 ②80～120 厚碎石 ③素土夯实 ④基层可用二渣(水淬渣、散石灰),三渣(水淬渣、散石灰、道砟)

编号	类型	简图	技术性能
5	卵石路		①70厚混凝土上栽小卵石 ②30～50厚 M2.5 混合砂浆 ③150～250厚碎砖三合土 ④素土夯实
6	沥青碎石路		①10厚二层柏油表面处理 ②50厚泥结碎石 ③150厚碎砖或白灰、煤渣 ④素土夯实
7	羽毛球场铺地		①20厚 1∶3 水泥砂浆 ②80厚 1∶3∶6 水泥、白灰、碎砖 ③素土夯实
8	步石		①大块毛石 ②基石用毛石或 100 厚水泥混凝土板
9	块石汀步		①大块毛石 ②基石用毛石或 100 厚水泥混凝土板

编号	类型	简图	技术性能
10	荷叶汀步	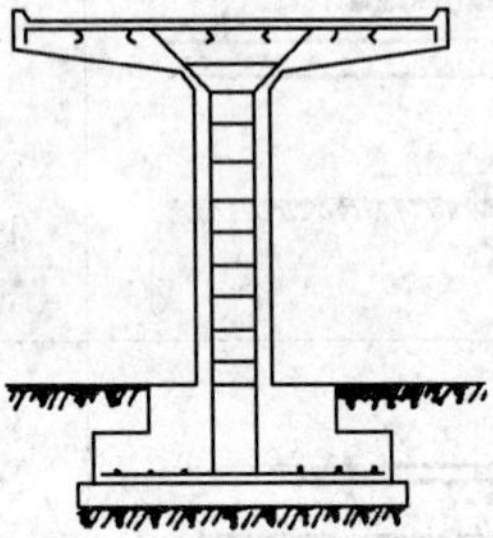	钢筋混凝土现浇

2.1.2 园路铺装设计

(1) 砖铺路面

目前我国机制标准砖的大小为 $240mm \times 115mm \times 53mm$，有青砖和红砖之分。园林铺地多用青砖，风格淡雅，施工简便，可以拼凑成各种图案，以席纹和同心圆弧放射式排列为多，如图 2-10 所示。砖铺地适于庭院和古建筑物附近。因其耐磨性差，容易吸水，适用于冰冻不严重和排水良好之处；坡度较大和阴湿地段不宜采用，因易生青苔而行走不便。目前已有采用彩色水泥仿砖铺地，效果较好。日本、欧美等地尤喜用红砖或仿缸砖铺地，色彩明快艳丽。

大青方砖规格为 $500mm \times 500mm \times 100mm$，平整、庄重、大方，多用于古典庭园。

(2) 冰纹路面

冰纹路面是用边缘挺括的石板模仿冰裂纹样铺砌的地面，石板间接缝呈不规则折线，用水泥砂浆勾缝。多为平缝或凹缝，以凹缝

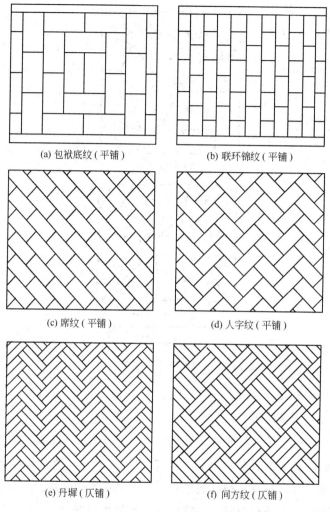

(a) 包袱底纹（平铺）　　　　　　　(b) 联环锦纹（平铺）

(c) 席纹（平铺）　　　　　　　(d) 人字纹（平铺）

(e) 丹墀（仄铺）　　　　　　　(f) 间方纹（仄铺）

图 2-10　砖铺路面

为佳。也可不勾缝，便于草皮长出成冰裂纹嵌草路面，还可做成水泥仿冰纹路面，即在现浇混凝土路面初凝时，模印冰裂纹图案，表面拉毛，效果也较好，如图 2-11 所示。冰纹路适用于池畔、山谷、

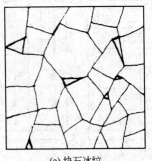

(a) 块石冰纹

(b) 水泥仿冰纹

图 2-11　冰纹路面

草地、林中的游步道。

（3）嵌草路面

它是把天然石块和各种形状的预制混凝土块，铺成冰裂纹或其他花纹。铺筑时在块料间留 30～50mm 的缝隙，填入培养土，然后种草。常见的有冰裂纹嵌草路、花岗岩石板嵌草路、仿木纹混凝土嵌草路、梅花形混凝土嵌草路等，如图 2-12 所示。

（4）碎料路面

① 花街铺地　指用碎石、卵石、瓦片、碎瓷等碎料拼成的路面。图案精美丰富，色彩素艳和谐，风格或圆润细腻或朴素粗犷，做工精细，具有很好的装饰作用和较高的观赏性，有助于强化园林

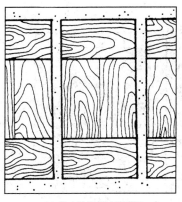

(a) 仿木纹混凝土嵌草路

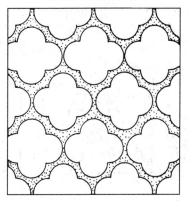

(b) 梅花形混凝土嵌草路

图 2-12　嵌草路面

意境，具有浓厚的民族特色和情调，多见于古典园林中，如图2-13所示。

②卵石路　卵石路是以各色卵石为主嵌成的路面。借助卵石的色彩、大小、形状和排列的变化可以组成各种图案，具有很强的装饰性，能起到增强景区特色、深化意境的作用。这种路面耐磨性好、防滑，富有江南园路的传统特点，但清扫困难，且卵石路容易脱落。多用于花间小径、水旁亭榭周围，如图 2-14 所示。

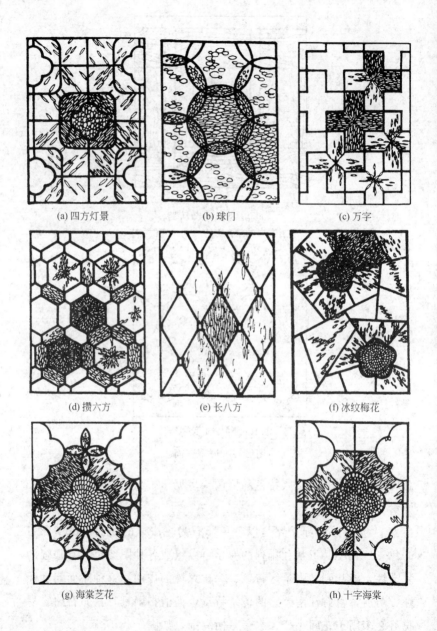

(a) 四方灯景　　　　　(b) 球门　　　　　(c) 万字

(d) 攒六方　　　　　(e) 长八方　　　　　(f) 冰纹梅花

(g) 海棠芝花　　　　　(h) 十字海棠

(i) 席纹

(j) 人字纹

图 2-13　碎料路面——花街铺地

图 2-14　卵石路

（5）块料路面

块料路面是以大方砖、块石和制成各种花纹图案的预制水泥混凝土砖等筑成的路面，如木纹板路、拉条水泥板路、假卵石路等，如图 2-15～图 2-23 所示。

这种路面简朴、大方，各种拉条路面利用条纹方向变化产生的光影效果，加强了花纹的效果；不仅有很好的装饰性，而且可以防滑和减少反光强度，美观、舒适。

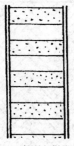 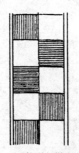 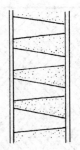

(a) 拉毛与抛光　　　　　　(b) 拉道与抛光　　　　　　(c) 水刷石与抛光

(d) 不同方向的拉道

图 2-15　块料路面的光影效果

图 2-16　卵石与砖拼纹路

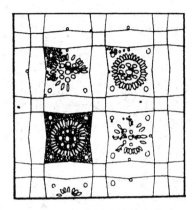

图 2-17　卵石块料拼纹路

图 2-18　预制莲纹铺地

（6）雕砖卵石路面

雕砖卵石路面又被誉为"石子画"，它是选用精雕的砖、细磨的瓦和经过严格挑选的各色卵石拼凑成的路面。图案内容丰富，如以寓言、故事、盆景、花鸟虫鱼、传统民间图案等为题材进行铺砌加以表现。多见于古典园林中的道路，如故宫御花园甬路，精雕细刻，精美绝伦，不失为我国传统园林艺术的杰作，如

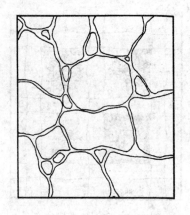

图 2-19　自然石板铺地

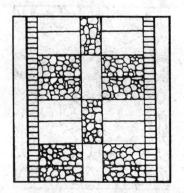

图 2-20　卵石与石板拼纹的块料铺装

图 2-24 所示。

　　制作预制混凝土卵石嵌花路，有较好的装饰作用，既保持传统风格、增加路面的强度，又革新工艺、降低造价，如图 2-25 所示。

　　(7) 乱石路与混凝土预制块铺路

　　① 乱石路　乱石路是用天然块石大小相间铺筑的路面，采用水泥砂浆勾缝。石缝曲折自然，表面粗糙，具有粗犷、朴素、自然

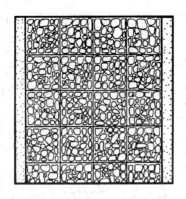

图 2-21　预制仿卵石磨平块料路

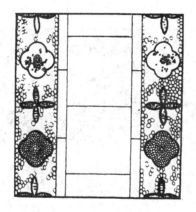

图 2-22　卵石、瓦片、砖拼纹路

的质感，如图 2-26 所示。冰纹路、乱石路也可用彩色水泥勾缝，增加色彩变化。

②预制混凝土方砖路　用预先模制成的混凝土方砖铺砌的路面，形状多变，图案丰富（如各种几何图形、花卉、木纹、仿生图案等）。也可添加无机矿物颜料制成彩色混凝土砖，色彩艳丽。路面平整、坚固、耐久。适用于园林中的广场和规则式路段上。也可

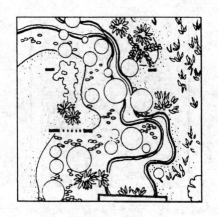

图 2-23　卵石与预制块料

图 2-24　雕砖卵石嵌花路——战长沙

做成半铺装留缝嵌草路面，如图 2-27 所示。

（8）步石

在自然式草地或建筑附近的小块绿地上，可以用一块至数块天然石块或预制成圆形、树桩形、木纹板形等铺块，自由组合于草地之中。一般步石的数量不宜过多，块体不宜太小，两块相邻块体的中心距离应考虑人的跨越能力和不等距变化。这种步石易与自然环境协调，能取得轻松活泼的效果，如图 2-28 所示。

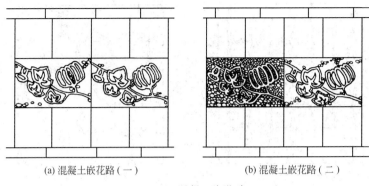

(a) 混凝土嵌花路（一）　　　　　　(b) 混凝土嵌花路（二）

图 2-25　混凝土嵌花路

图 2-26　乱石路

（9）汀石

汀石是在水中设置步石，使游人可以平水而过。汀石适用于窄而浅的水面，如在小溪、涧、滩等地。为了游人的安全，石墩不宜过小，距离不宜过大，一般数量也不宜过多，如图2-29所示。

2.1.3　园路施工测量

（1）恢复中线

道路中线即道路的中心线，用于标志道路的平面位置。道路中

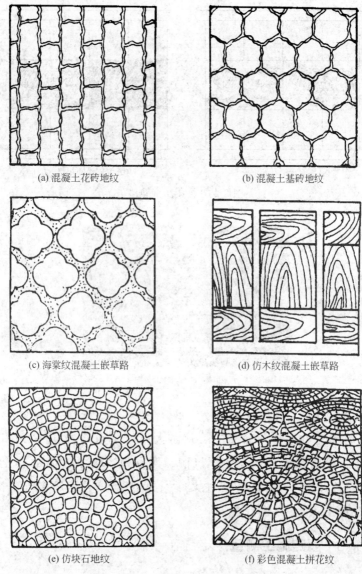

(a) 混凝土花砖地纹　　　　　　　　　(b) 混凝土基砖地纹

(c) 海棠纹混凝土嵌草路　　　　　　　(d) 仿木纹混凝土嵌草路

(e) 仿块石地纹　　　　　　　　　　　(f) 彩色混凝土拼花纹

图 2-27　预制混凝土方砖路

图 2-28　步石

图 2-29　汀石

线在道路勘测设计的定测阶段已经以中线桩（里程桩）的形式标定在线路上，此阶段的中线测量配合道路的纵、横断面测量，用来为设计提供详细的地形资料，并可以根据设计好的道路来计算施工过程中需要填挖土方的数量。设计阶段完成后，在进行施工放线时，由于勘测与施工有一定的间隔时间，定测时所设中线桩点可能丢失、损坏或移位，所以这时的中线测量主要是对原有中线进行复测、检查和恢复，保证道路按原设计施工。

恢复中线是将道路中心线具体恢复到原设计的地面上。

道路中线的平面线形由直线和曲线组成，恢复中线测量如图 2-30 所示。

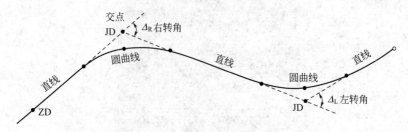

图 2-30　恢复中线测量示意

① 路线交点和转点的恢复　路线的交点（包括起点和终点）是详细测设中线的控制点。一般先在初测的带状地形图上进行纸上定线，然后将图上确定的路线交点位置标定到实地。定线测量中，当相邻两交点互不通视或直线较长时，需要在其连线上测定一个或几个转点，以便在交点测量转角和直线量距时作为照准和定线的目标。直线上一般每隔 200～300m 设一转点，另外在路线与其他道路交叉处以及路线上需设置桥、涵等构筑物处，也要设置转点。

② 路线转角的恢复　在路线的交点处应根据交点前后的转点或交点，测定路线的转角，通常测定路线前进方向的右角 β 来计算路线的转角，路线转角的定义如图 2-31 所示。

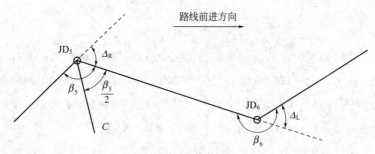

图 2-31　路线转角的定义

当 $\beta<180°$ 时为右偏角，表示线路向右偏转；当 $\beta>180°$ 时为左偏角，表示线路向左偏转。转角的计算公式为：

$$\begin{cases} \Delta_R=180°-\beta \\ \Delta_L=\beta-180° \end{cases} \tag{2-1}$$

在 β 角测定以后，直接定出其分角线方向 C（如图 2-31 所示），在此方向上钉临时桩，以作此后测设道路的圆曲线中点之用。

（2）施工控制桩的测设

由于中桩在施工中要被挖掉，为了在施工中控制中线位置，就需要在不易受施工破坏、便于引用、易于保存桩位的地方，测设施工控制桩。测设方法包括以下两种：

① 平行线法 如图 2-32 所示，平行线法是在路基以外测设两排平行于中线的施工控制桩。该方法多用于地势平坦、直线段较长的线路。为了施工方便，控制桩的间距一般取 $10\sim20\mathrm{m}$。

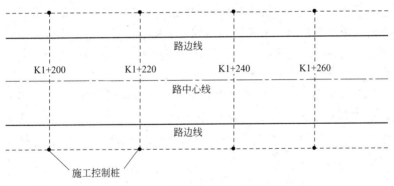

图 2-32 平行线法定施工控制桩

② 延长线法 如图 2-33 所示，延长线法是在道路转折处的中线延长线上以及曲线中点（QZ）至交点（JD）的延长线上打下施工控制桩。延长线法多用于地势起伏较大、直线段较短的山地公路。主要控制 JD 的位置，控制桩到 JD 的距离应量出。

（3）路基边桩的测设

路基施工前，应把路基边坡与原地面相交的坡脚点（或坡顶点）找出来，以便施工。路基边桩的位置按填土高度或挖土深

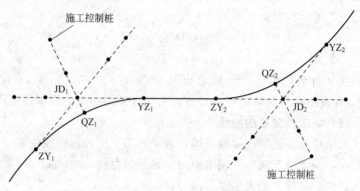

图 2-33　延长线法定施工控制桩

度、边坡坡度及断面的地形情况而定。常用的路基边桩测设方法如下。

① 图解法　在勘测设计时，地面横断面图及路基设计断面都已绘在毫米方格纸上，所以当填挖方不是很大时，路基边桩的位置可采用简便的方法求得，即直接在横断面图上量取中桩至边桩的距离，然后到实地用皮尺测设其位置。

② 解析法　通过计算求出路基中桩至边桩的距离。

a. 平坦地段路基边桩的测设　如图 2-34(a) 所示，填方路基称为路堤；如图 2-34(b) 所示，挖方路基称为路堑。路堤边桩至中桩的距离 D 为：

$$D = \frac{B}{2} + mH \qquad (2\text{-}2)$$

路堑边桩至中桩的距离 D 为：

$$D = \frac{B}{2} + S + mH \qquad (2\text{-}3)$$

式中　B——路基设计宽度；

　　　m——路基边坡坡度；

　　　H——填土高度或挖土高度；

　　　S——路堑边沟顶宽度。

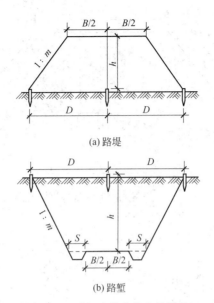

(a) 路堤

(b) 路堑

图 2-34　平坦地段路基边桩测设

　　根据算得的距离从中桩沿横断面方向量距，打上木桩即得路基边桩。若断面位于弯道上有加宽或有超高时，按上述方法求出 D 值后，还应在加宽一侧的 D 值上加上加宽值。

　　b. 倾斜地段边桩测设　　如图 2-35 所示，路基坡脚桩至中桩的距离 D_1、D_2 分别为：

$$D_1 = \frac{B}{2} + m(H - h_1) \qquad (2\text{-}4)$$

$$D_2 = \frac{B}{2} + m(H + h_2) \qquad (2\text{-}5)$$

如图 2-36 所示，路堑坡顶至中桩的距离 D_1、D_2 分别为：

$$D_1 = \frac{B}{2} + S + m(H + h_1) \qquad (2\text{-}6)$$

$$D_2 = \frac{B}{2} + S + m(H - h_2) \qquad (2\text{-}7)$$

　　式中，h_1、h_2 分别为上、下侧坡脚（或坡顶）至中桩的高差。

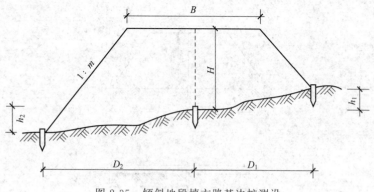

图 2-35　倾斜地段填方路基边桩测设

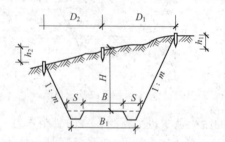

(a) 倾斜地段挖方路基边桩测设

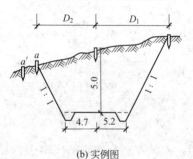

(b) 实例图

图 2-36　倾斜地段挖方路基边桩测设

其中 B、S 和 m 为已知，所以 D_1、D_2 随着 h_1、h_2 的变化而变化。由于边桩未定，所以 h_1、h_2 均为未知数，实际工作中可采用"逐次趋近法"。

(4) 路基边坡的测设

有了边桩，还要按照设计的路基的横断面进行边坡的测设。

① 竹竿、绳索测设边坡

a. 一次挂线　当填土不高时，可按图 2-37(a) 的方法一次把线挂好。

b. 分层挂线　当路堤填土较高时，采用此法较好。在每层挂线前应当标定中线并抄平。如图 2-37(b) 所示，O 为中桩，A、B 为边桩。先在 C、D 处定杆、带线。C、D 线为水平，$D_{O_1C} = D_{O_1D}$，根据 CD 线的高程，O 点位置，计算 O_1C 与 O_1D 距离，使之满足填土宽度和坡度要求。

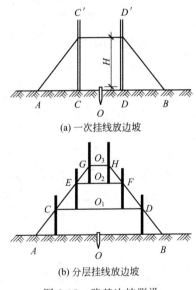

(a) 一次挂线放边坡

(b) 分层挂线放边坡

图 2-37　路基边坡测设

② 用边坡尺测设边坡

a. 用活动边坡尺测设边坡　如图 2-38(a) 所示，三角板为直角架，一角与设计坡度相同，当水准气泡居中时，边坡尺的斜边所示的坡度正好等于设计边坡的坡度，可依此来指示与检核路堤的填筑或检查路堑的开挖。

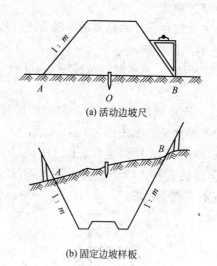

(a) 活动边坡尺

(b) 固定边坡样板

图 2-38　边坡尺测设边坡

　　b. 用固定边坡样板测设边坡　如图 2-38（b）所示，在开挖路堑时，于顶外侧按设计坡度设定固定样板，施工时可随时指示并检核开挖和修整情况。

　　（5）竖曲线的测设

　　在线路纵坡变更处，考虑视距要求和行车的平稳，在竖直面内用圆曲线连接起来，这种曲线称为竖曲线。竖曲线有凹形和凸形两种，如图 2-39 所示。

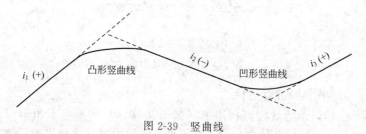

图 2-39　竖曲线

　　竖曲线设计时，根据路线纵断面设计中所设计的竖曲线半径 R 和相邻坡道的坡度 i_1、i_2 计算测设数据。如图 2-40 所示，竖曲线

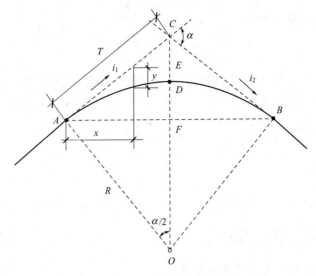

图 2-40 竖曲线测设元素

元素的计算可以用平曲线的计算公式：

$$T = R \tan \frac{\alpha}{2} \qquad (2\text{-}8)$$

$$L = R \frac{\alpha}{\rho''} \qquad (2\text{-}9)$$

$$E = R \left[\frac{1}{\cos(\alpha/2)} - 1 \right] \qquad (2\text{-}10)$$

由于竖曲线的坡度转角 α 很小，所以计算公式可以简化。已知：

$$\alpha = (i_1 - i_2)\rho'', \quad \tan \frac{\alpha}{2} \approx \frac{\alpha}{2\rho''}$$

对于 E 值也可以按下面推导的近似公式计算。因为 $DF \approx CD = E$，$\triangle AOF \sim \triangle CAF$，则 $R : AF = AC : CF = AC : 2E$，因此：

$$T = \frac{1}{2} R(i_1 - i_2) \qquad (2\text{-}11)$$

$$L = R(i_1 - i_2) \tag{2-12}$$

又因为 $AF \approx AC = T$，得到：

$$E = \frac{AC \times AF}{2R} \tag{2-13}$$

同理可导出竖曲线中间各点按直角坐标法测设的纵距（即标高改正值）计算式如下：

$$E = \frac{T^2}{2R} \tag{2-14}$$

$$y_i = \frac{x_i^2}{2R} \tag{2-15}$$

上式中 y_i 值在凹形竖曲线中为正号，在凸形竖曲线中为负号。

2.1.4 园路工程施工

(1) 园路施工的基本要求

园路施工的基本要求是除满足设计要求外对其强度、美观性的合理把握。

① 使用与强度要求

a. 重点是控制施工面的高程和排水坡度，并注意与园林其他设施的有关高程相协调。

b. 园路路基、基层和路面的处理要达到设计要求的牢固性和稳定性。

c. 从经济实用角度出发，达到强度要求的一般做法是薄面、强基层、稳路基。

② 观赏要求

a. 对铺地要求一定图案的铺装，注重对材料的合理选择，主要是材料大小、质地、颜色、表面平整度等。

b. 注意铺缝的处理，做到美观。

③ 园路的典型结构　通常将园路自上而下分成面层、结合层、基层、垫层、路基，如图 2-41 所示。根据不同地域的土壤条件和使用功能的区别，具体的园路可能没有结合层或者垫层，但是面

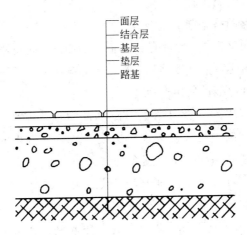

图 2-41　园路的典型结构

层、基层、路基是所有道路都必不可少的。

垫层的主要作用是加固路的基础，用于松软土壤或地下水位高、冬期容易造成冻害的土壤，通常用煤渣土、石灰土等做成。在园林中也可以通过加强基层的办法，而不另设垫层。

基层是最基本的结构组合层，主要承受与传递路面荷载。

结合层的作用是在铺设块状面材时用来黏结面层和基层，所以在整体路面或简易路面铺设时不存在该层。

面层为最表面的层次，充作直接使用层，常以此层命名铺装名称。

④ 园路的施工顺序　园路的施工首先为园路的放线和定位，然后是路槽的开挖，接下来是路基的处理。路基处理的通常做法是原土夯实（垃圾过多时清除垃圾），在路基土壤条件不良时通过垫层加固，路基或垫层夯实后，在其上方铺设基层，最后是面层的铺设，若是花岗岩、广场砖等块状面材时需要铺设结合层，用于结合和找平。园路的施工顺序如下：

测量放线→路槽开挖→路槽整修→碾轧路槽→垫层→基层→结

合层→面层→附属工程。

（2）园路的路基施工

路基为园路提供一个平整的基面，承受路面传下来的荷载，并且保证路面有足够的强度和稳定性。若路基的稳定性不良，应采取措施，以保证路面的使用寿命。

位置确定以后，就可以进行路基的填挖、整平、碾压作业。按照确定的园路中线来确定道路边线，然后每侧再放宽 20cm 开挖路基的路槽；路槽的平整度允许误差不大于 2cm。对填土路基要分层填土、分层碾压。对于大多数土壤，过滤垃圾后夯实即可作为路基。在严寒地区，严重的冻胀土和湿软土等软弱地基，要做好加固处理，常采用增设垫层的方法起到防水和隔温的作用，可采用灰土垫层、天然砂石垫层、三合土垫层，垫层厚度视具体情况而定，多数做到 15cm 即可。施工中要随时检查横断面坡度和纵断面坡度。

（3）园路的基层施工

基层位于面层之下，路基之上。它一方面承受由面层传下来的垂直荷载，另一方面把荷载传给路基。由于基层主要的作用是承重，所以要求其有一定的强度和刚度。

园林道路常用的基层材料包括灰土、碎石、级配砂石、煤渣石灰土、三合土、粗砂或石屑、混凝土、钢筋混凝土等。

确认基层的厚度与设计标高，运入基层材料分层填筑。基层的每层材料施工碾压厚度是：下层为 200mm 以下；上层为 150mm 以下。基层的下层（也叫底基层）要进行检验性碾压。基层碾压后没有达到设计标高的，应该翻起已压实的上部部分，一边摊铺材料，另一边重新碾压，直到压实至设计标高的高度。施工中的接缝，应将上次施工完成的末端部分翻起来，与本次施工部分一同碾压。

不同级别的园路对基层材料要求不同，其施工工艺也存在着差别，下面以几种常用的基层材料的施工方法分别来阐述基层施工。

1）石灰土基层　石灰土即石灰和土壤的拌合物，石灰和土常用比例为 3：7 和 2：8，称为三七灰土和二八灰土。

石灰土力学强度高，有较好的整体性、水稳定性和抗冻性。它的后期强度高，适合各种路面的基层、底基层和垫层。

为达到要求的压实度，石灰土基一般应用不小于 12t 的压路机或铲等压实工具进行碾压。每层的压实厚度最小不小于 8cm，最大也不大于 20cm，如超过 20cm，应分层碾压。

① 材料

a. 石灰：宜用 1～3 级的新石灰，其活性氧化物含量不得低于 60％，对储存较久的粉灰土应先经过试验，根据活性氧化物含量再决定是否使用。若氧化钙加氧化镁含量小于 30％的不宜使用，应采用符合标准的袋装白灰代替。

b. 土：土的塑性指数以 7～17 为最好，土中不得含有树根、杂草等杂物。若采用现场上层垃圾清运后的土料，应将杂物清除干净。

c. 水：自然水源、城市自来水和地下水均可用于石灰土拌和。如果水质可疑，需经化验鉴定合格后使用。

② 施工方法　石灰土的施工方法可分为机械拌和法和人工拌和法两种。

机械拌和法的施工程序为：铺土→铺灰→拌和与洒水→碾压→初期养护。

人工拌和法的施工程序与机械拌和法不同的是混合料全部用人工翻拌。干拌 3～4 遍后加水焖料一天左右，使材料充分吸水，再混拌 3～4 遍至均匀为止。之后进行铺料、碾压、初期养护。

③ 养护要求　初期养护石灰土在碾压完毕后的 5～7 天内，必须保持一定的温度，以利于强度的形成，避免发生缩裂和松散现象。

若石灰土为分层铺筑，应于两日内将上层的土摊铺完毕，以便利用此层作为下层土的覆盖养护土。

2）干结碎石基层　干结碎石基层是指在施工过程中，不洒水或少洒水，依靠充分压实及用嵌缝料充分嵌挤，使石料间紧密锁结所构成的具有一定强度的结构，一般厚度为8～16cm，应用于园林中的主路等。

① 材料要求　石料强度不低于8级，硬度不同的石料不能掺用。

碎石最大粒径视厚度而定，一般不超过厚度的0.7倍，50mm以上的大粒径占70%～80%，0.5～20mm粒径的占5%～15%，其余为中等粒料。

选料时先将大小粒料大致分开，分层使用。长条、扁片含量不宜超过20%，否则应打碎做嵌缝料使用。

碎石内部空隙应尽量填充粗砂、石灰土等材料（具体数量根据试验确定），其数量为20%～30%。

不同基层厚度每千平方米干结碎石用量见表2-4。

表2-4　干结碎石材料用量参考

基层厚度/cm	干结碎石材料用量/(m³/1000m²)					
	大块碎石		第一次嵌缝材料		第二次嵌缝材料	
	规格/mm	用量	规格/mm	用量	规格/mm	用量
8	30～60	88	5～20	20	—	—
10	40～70	110	5～20	25	—	—
12	40～80	132	20～40	35	5～20	18
14	40～100	154	20～40	40	5～20	20
16	40～120	176	20～40	45	5～20	22

② 施工　施工工序：摊铺碎石→稳压→撒填充料→压实→铺

撒嵌缝料→碾压。

摊铺厚度为压实厚度的 1.1 倍左右，使用平地机或人工摊铺。

3）天然级配砂石基层　天然级配砂石是用天然的低塑性石料，经摊铺整形并适当洒水碾压后所形成的具有一定密度和强度的基层结构。天然级配砂石的一般厚度为 10～20cm，若厚度超过 20cm 应分层铺筑，这种做法适用于园林中各级路面，尤其是有荷载要求的嵌草路面，例如嵌草停车场（图 2-42）等。

图 2-42　嵌草停车场

①材料　砂石要求颗粒坚韧，大于 20mm 的粗骨料含量占 40％以上，5mm 以下颗粒含量应小于 35％，塑性指数不大于 7。其中最大料径不大于基层厚度的 0.7 倍，即使基层厚度大于 14cm，砂石材料最大粒径一般也不得大于 10cm。

②施工　施工工序：摊铺砂石→洒水→碾压→养护。

摊铺厚度为压实厚度的 1.2～1.4 倍，采用平地机和人工摊铺方法。

4）煤渣石灰土基层　煤渣石灰土也称为二渣土，是以煤渣、石灰（或电石渣、石灰下脚）和土三种材料，在一定的配比下，经拌和和压实而形成强度较高的一种基层。

煤渣石灰土具有石灰土的全部优点,同时还因其有粗骨料做骨架,所以其强度、稳定性和耐磨性均比石灰土好。另外由于它的早期强度高并有利于雨期施工,它的隔温防冻、隔泥排水功能也优于石灰土,多应用于地下水位较高或靠近水边的道路铺装场地。

煤渣石灰土对材料要求不严,允许范围较大。通常最小压实厚度应不小于10cm,但最大也不宜超过20cm,大于20cm时应分层铺筑。

① 材料 煤渣中未燃尽的煤质不超过20%,煤渣无杂质。颗粒略有级配,一般大于40mm的颗粒不宜超过15%,小于5mm的颗粒不超过60%。石灰和土参考石灰土选料标准。

煤渣石灰土混合料的配比要求不严,可以在较大范围内变动,影响强度不大,表2-5的数值仅供参考,在实际应用中,可根据当地条件适当调整。

表 2-5 煤渣石灰土配比参考

混合料名称	材料重量配合比/%		
	消石灰	土	煤渣
煤渣石灰土	6~10	20~25	65~74
	12	30~60	28~58

② 施工 施工工序:配料→拌和(包括干拌、加水、湿拌)→摊铺与整形→碾压。

具体操作同石灰土。

5) 二灰土基层 二灰土是以石灰、粉煤灰与土,按一定的配比混合、加水拌匀碾压而成的一种基层结构。它具有比石灰还高的强度,有一定的板体性和较好的水稳性,并对二类土的材料要求不高,一般石灰下脚和就地土都可利用,在产粉煤灰的地区均有推广的价值。这种结构施工简便,既可以机械化施工,又可以人工施工。

由于二灰土都是由细料组成的,对水敏感性强,初期强度低,在潮湿寒冷季节结硬很慢，因此冬季和雨季施工较为困难。

为了达到要求的压实度，二灰土每层厚度，最小不宜小于8cm，最大不超过20cm，大于20cm时应分层铺筑。

① 材料　粉煤灰是电厂煤粉燃烧后的残渣，呈黑色粉末状，80％左右的颗粒小于0.074mm，松散密度为600～750kg/m³，由于粉煤灰为电厂的水处理物，所以含水量较大，需堆置一定时间，晾干后使用。粉煤灰颗粒越细，对水的敏感性越强，所以应尽量选择粗颗粒。石类和土的选择参考石灰土配置。

合理的配比要通过抗压试验确定，一般经验重量配合比为石灰∶粉煤灰∶土＝12∶35∶53，相应的体积比为1∶2∶2。

② 施工　二灰土的人工拌和施工同石灰土，但是土必须事先过筛，筛除粒径1.5mm以上的土块。

（4）结合层的施工

在采用块料和碎料铺筑面层时，在路面与基层之间，为了结合和找平而设置的该层叫做结合层，一般用M7.5水泥、白泥、砂混合砂浆或1∶3白灰砂浆摊铺。砂浆摊铺宽度应大于铺装面5～10cm，已拌好的砂浆应当日用完，也可用3～5cm厚的粗砂均匀摊铺而成。特殊的石材铺地，若整齐石块和条石块，结合层采用M10号水泥砂浆。

（5）园路的面层施工

面层是路面最上的一层，它直接承受人流、车辆的荷载和风、雨、寒、暑等气候作用的影响。因此要求其坚固、平稳、耐磨，并有一定的粗糙度，少尘土，便于清扫。

① 材料　园林道路面层材料丰富多彩，有很强的装饰和点景功能，构成了绿地中一道道亮丽的风景。面层材料大体上可分为整体路面和单体材料，单体材料依据其大小和铺设工艺差别又可分为块料和碎料两种。

a. 整体材料。整体材料有沥青路面和混凝土路面，沥青属于柔性材料，混凝土属于刚性材料。

b. 单体材料。园林道路和场地铺装的丰富性主要体现在单体材料的丰富性上。块料有渗水砖、青砖、混凝土预制砖（块）、广场砖、天然石块、花岗岩、大理石、青石板、草坪砖、木板等，碎料有鹅卵石、碎石、瓦片、碎瓷片等，现在更多的是几种材料的综合运用，可以拼出丰富多彩的图案。

② 方法与步骤　在完成的路面基层上，重新定点、放线，放出路面的中心线及边线；决定设置整体现浇路面砌块行列数及拼装方式；将面层材料运入现场。

根据园路的类型和使用性质的不同，园林工程施工方法和操作要求也不同。

a. 现浇水泥混凝土路面的施工。现浇水泥混凝土路面是用水泥、粗细骨料（碎石、卵石、砂等）、水按一定配合比拌匀后现场浇筑的路面。为了防滑，面层上可加 30mm 厚水泥砂浆进行刷纹拉毛；面层上加 25mm 厚水泥石屑可做成斩假石路面，如图 2-43 所示。

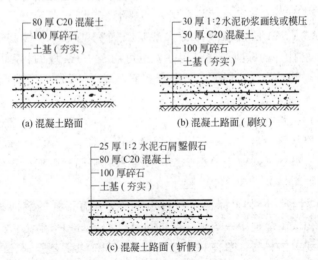

(a) 混凝土路面

(b) 混凝土路面（刷纹）

(c) 混凝土路面（斩假）

图 2-43　混凝土路面（单位：mm）

现浇水泥混凝土路面包括素混凝土、钢筋混凝土路面。园路多是素混凝土路面，简称混凝土路面。

混凝土路面具有整体性好、耐压强度高、养护简单、便于清扫等特点，在园林中多用于主干道和车行道。在混凝土拌和时掺入不溶于水的无机矿物颜料可以增加路面色彩变化，在混凝土初凝之前还可以在表面进行纹样处理。

首先在基层上安装路边模板，模板要稳固，平面位置要准确，模板顶面用水准仪检查其标高，模板内侧涂刷肥皂液、废机油或其他润滑剂，以便于拆模。

混凝土骨料颗粒的最大粒径不超过面层厚度的 $1/4 \sim 1/3$，混合料的含砂率一般为 $28\% \sim 33\%$，水灰比为 $0.4 \sim 0.55$；摊铺混合料时应考虑混凝土振捣后的沉降量，虚高可高出设计厚度约 10%，使振捣的面不要高于设计为好。混凝土混合料的振捣器具，应由平板振捣器、插入式振捣器和振捣梁配套作业。

现浇水泥混凝土路面面层的接缝有胀缝和缩缝，胀缝为真缝，它垂直贯穿面层，宽度为 $18 \sim 25mm$，缝内填入木板和沥青，其间距常为 $9 \sim 12m$，胀缝常兼施工缝（工作缝）使用。缩缝为假缝，宽为 $5 \sim 10mm$，深度为面层厚度的 $1/4 \sim 1/3$，其间距一般为 $3 \sim 6m$，内填沥青。

路面抹光后常用棕刷或金属丝梳子刷毛或梳成深 $1 \sim 2mm$ 的横槽，用于防滑。面层养护常用湿麻袋、织物、稻草、锯末及塑料膜或 $20 \sim 30mm$ 的湿砂覆盖，每天均匀洒水数次，使其保持湿润状态，至少延续 14 天，然后去除养护物。

b. 预制砖路面的施工。面层材料可以是预制混凝土砖、黏土砖、缸砖、广场砖等。基层材料有 $60 \sim 120mm$ 的碎石、$40 \sim 100mm$ 的混凝土、$100 \sim 150mm$ 灰土等。如为一般游步道或休息场所，并且路基条件良好，可不设基层（缸砖除外）。

结合层一般用 M2.5 混合砂浆、M5 混合砂浆或 1:3 的大灰砂。砂浆摊铺宽度应大于铺装面 $5 \sim 10cm$，砂浆厚度为 $2 \sim 3cm$，便于结合和找平。缸砖的结合层必须用水泥砂浆。对于较大尺寸的规则形块料，也可直接采用 $3 \sim 5cm$ 厚的粗砂作为结合层，施工更为方便，此时结合层仅起找平及防泥作用。

铺贴面层块料时要安平放稳，用橡胶锤敲打时注意保护边角。发现不平时应重新拿起砖料用砂浆找平，严禁向砖底部填塞砂浆或支垫碎砖块等。接缝应平顺正直，遇有图案时需更加仔细。最后用1：10水泥砂浆扫缝，再泼水沉实。

面层施工完成后，应及时开始养护，具体方法参考现浇混凝土路面。

c. 冰纹路面和乱石路面的施工。冰纹路面是用自然碎开的花岗岩、大理石（多为废料）等石板模仿冰裂纹样铺砌的路面。缝隙用水泥砂浆勾成不规则折线状，有平缝和凹缝，以凹缝为佳。乱石路面是用天然块石大小相间铺筑的路面，采用水泥砂浆勾缝。石缝曲折自然，表面粗糙，风格粗犷、朴素。

冰纹路面和乱石路面需采用混凝土做基层，厚度为100～200mm，结合层及勾缝选用M5水泥砂浆。勾缝时尽量取平直的折线，宽度均匀，避免出现通直的长折线，最好是相邻两块的任一边线都不在一条直线上。大小冰块应自然分布，疏密有致。勾缝时尽量避免砂浆污损石面，及时刷洗干净。

d. 卵石拼花路面的施工。卵石拼花路面是以卵石为主铺成不同图案的路面。通常借助卵石的色彩、大小、形状和排列的变化以形成各种图案花纹，具有很强的装饰性，能起到增强景区特色、深化意境的作用。卵石拼花在园林中应用十分广泛，富有中国传统铺地特征。

卵石拼花路面多采用混凝土基层，厚度为60～150mm。在基层上先铺好40mm厚、M7.5水泥砂浆，再铺30mm厚水泥素浆，待素浆稍凝，将备好的卵石插入其中，用抹子抹平，插入深度往往为卵石粒径的1/2～2/3。拼贴图案应用竹条或钢丝预先绑扎成的轮廓框架进行放线施工。待水泥凝固后，用清水将石子表面上的水泥轻轻刷洗干净。第二天再用30%的草酸（或10%的盐酸溶液）洗刷卵石表面，以使卵石清新鲜明。

e. 混合路面的施工。混合路面是指不同的面层材料混合铺成的路面，多用块料和碎料混合。混合路面的园林道路更加美观和丰富多彩，园林道路景观更加活泼，拓展了园林的景观范围。

块料与块料混合时，先铺大的块料，再铺小的块料。当块料与碎料混合时，先铺块料，再铺碎料，并且使碎料略高于块料1～2mm，以使砂浆沉降稳定后相互平整。

f. 无障碍道路的施工。无障碍道路施工与普通道路和坡道做法基本相同。

g. 植草道路的施工。植草路面有两种类型：一种为在块料铺装时，在块料之间留出缝隙，其间种草，例如冰纹嵌草路面、青石板嵌草路面、人字纹嵌草路面等；另一种是制作成可以嵌草的各种纹样的混凝土铺地砖。

对于块料与植草混合布置的路面，常不设置基层。施工时，先在整平压实的路基上铺一层不含粗颗粒物的栽培土壤做垫层，厚度为10～15cm。为便于找平和防止泥滑，对于实心块材可采用20～30cm厚的粗砂作结合层，范围大于块料20mm以内，以减少对草块生长的影响。植草区填入肥沃的种植土，土面低于块材表面20～30mm，最后播种或植草。

h. 嵌草停车场的施工。嵌草停车场与植草道路的最大区别在于两者对强度要求的不同，所以在基层材料和厚度选择上有着很大区别。嵌草停车场一般选用碎石或者级配砂石作基层，厚度为150～250mm。

(6) 园路附属工程施工

① 路肩　在级别较高的主干道两侧，为了从两侧保护道路，就要设置路肩，如图2-44所示。在城市园林绿地中，绝大多数道路不需要设置路肩。

② 道牙　道牙一般分为平道牙（常称缘石）和立道牙（常称侧石）两种，如图2-45所示。道牙主要是保护路面结构，利于排水，使路面和路肩在高程上起衔接作用。

道牙基础与路基同时填挖碾压，以保证有整体的均匀密实度。

图 2-44 路肩

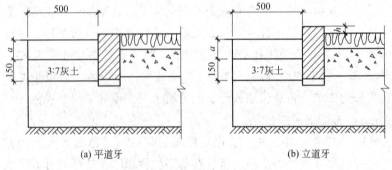

(a) 平道牙 (b) 立道牙

图 2-45 道牙的两种形式（单位：mm）

结合层用 1:3 的白灰砂浆铺 2cm 厚。道牙要平稳牢固，然后用 M10 水泥砂浆勾缝，道牙背后用灰土夯实，宽度为 50cm，厚度为 15cm，密实度在 90% 以上，或用混凝土卡垫，以防倾侧移位，之后在其上做面层。

③ 踏步、坡道

a. 踏步。施工园林道路中踏步施工中应用的建筑材料很多，有各类石材、混凝土板、圆木、砖、木板、金属板、有机玻璃等。材料不同做法也不同，图 2-46 是园林中经常用到的几种踏步的做法。

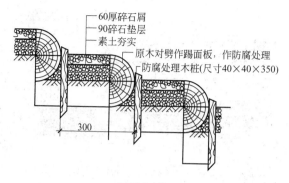

(a) 原木台阶

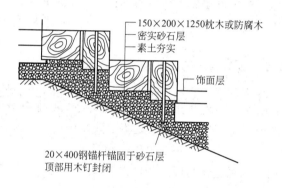

(b) 防腐木台阶

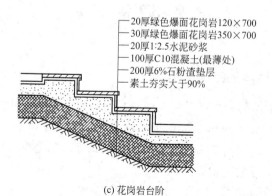

(c) 花岗岩台阶

图 2-46

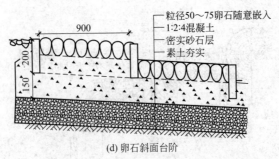

图 2-46 几种踏步的构造做法（单位：mm）

踏步施工的关键是做出踏步的位置和具体的形状和尺寸，常在踏步定位中决定以上因素，并用控制小桩或相应的模板在安装中进行控制。

b. 坡道。施工在地面坡度较大时，本应设计踏步，但踏步车辆不能通行，另外童车、轮椅等也不方便通行，考虑到这些交通需要，需在这些地方设置坡道。当坡道较陡时，可将中间作成坡道，两侧做成踏步，为了防滑可将坡面做成浅阶的坡度，这就是我们常说的礓礤。礓礤在施工中一般由压模所形成。

坡道的结构层施工与园路相同。

2.2 园桥工程

2.2.1 桥体的结构形式

园桥的结构形式随其主要建筑材料而有所不同。例如，钢筋混凝土园桥和木桥的结构常用板梁柱式，石桥常用拱券式或悬臂梁式，铁桥常采用桁架式，吊桥常用悬索式等，都说明建筑材料与桥的结构形式是紧密相关的。

(1) 板梁柱式

板梁柱式以桥柱或桥墩支撑桥体重量，以直梁按简支梁方式两端搭在桥柱上，梁上铺设桥板作桥面，如图 2-47 所示。在桥孔跨度不太大的情况下，也可不用桥梁，直接将桥板两端搭在桥墩上，铺成桥面。桥梁、桥面板一般用钢筋混凝土预制或现浇；如果跨度较小，也可用石梁和石板。

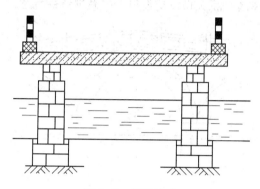

图 2-47　板梁柱式

（2）悬臂梁式

悬臂梁式即桥梁从桥孔两端向中间悬挑伸出，在悬挑的梁头再盖上短梁或桥板，连成完整的桥孔，如图 2-48 所示。这种方式可以增大桥孔的跨度，以便于桥下行船。石桥和钢筋混凝土桥都可能采用悬臂梁式结构。

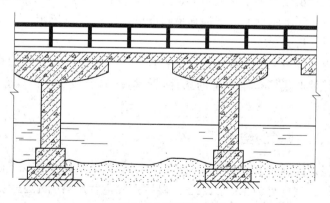

图 2-48　悬臂梁式

（3）拱券式

拱券式即桥孔由砖石材料拱券而成，桥体重量通过圆拱传递到桥墩，如图 2-49 所示。单孔桥的桥面一般也是拱形，因此它基本上都属于拱桥。三孔以上的拱券式桥，其桥面多数做成平整的路面形式，但也常有把桥顶做成半径很大的微拱形桥面的。

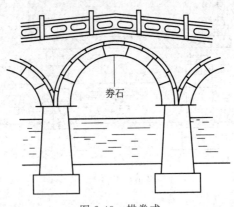

券石

图 2-49　拱券式

（4）悬索式

悬索式即一般索桥的结构方式。以粗长的悬索固定在桥的两头，底面有若干根钢索排成一个平面，其上铺设桥板作为桥面；两侧各有一至数根钢索从上到下竖向排列，并由许多下垂的钢绳相互串联一起，下垂钢绳的下端则吊起桥板，如图 2-50 所示。

（5）桁架式

用铁制桁架作为桥体。桥体杆件多为受拉或受压的轴力构件，这种杆件取代了弯矩产生的条件，使构件的受力特性得以充分发挥。杆件的结点多为铰接。

2.2.2　栈道的结构

栈道路面宽度的确定与栈道的类别有关。采用立柱式栈道的，路面设计宽度可为 1.5～2.5m；斜撑式栈道宽度可为 1.2～2.0m；插梁式栈道不能太宽，0.9～1.8m 就比较合适。

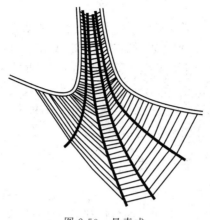

图 2-50　悬索式

（1）立柱与斜撑柱

立柱用石柱或钢筋混凝土柱，断面尺寸可取 180mm×180mm 至 250mm×250mm，柱高一般不超过柱径的 15 倍。斜撑柱的断面尺寸比立柱稍小，可在 150mm×150mm 至 200mm×200mm 之间。斜撑柱上端应预留筋头与横梁梁头相焊接，下端应插入陡坡坡面或山壁壁面。立柱和斜撑柱都用 C20 混凝土浇制。

（2）横梁

横梁的长度应是栈道路面宽度的 1.2～1.3 倍，梁的一端应插入山壁或坡面的石孔并稳实地固定下来。插梁式栈道的横梁插入山壁部分的长度，应为梁长的 1/4 左右。横梁的截面为矩形，宽高的尺寸可为 120mm×180mm 至 180mm×250mm。横梁也用 C20 混凝土浇制，梁一端的下面应有预埋铁件与立柱或斜撑柱焊接。

（3）桥面板

桥面板可用石板或钢筋混凝土板铺设。铺石板时，要求横梁间距比较小，一般不大于 1.8m。石板厚度应在 80mm 以上。钢筋混凝土板可用预制空心板或实心板。空心板可按产品规格直接选用。实心钢筋混凝土板常设计为 6cm、8cm、10cm 厚，混凝土强度等级可用 C15～C20。栈道路面可以用 1:2.5 水泥砂浆抹面处理。

（4）护栏

立柱式栈道和部分斜撑式栈道可以在路面外缘设立护栏。护栏最好用直径 254mm 以上的镀锌铁管焊接制作；也可做成石护栏或钢筋混凝土护栏。作石护栏或钢筋混凝土护栏时，望柱、栏板的高度可分别为 900mm 和 700mm，望柱截面尺寸可为 120mm×120mm 或 150mm×150mm，栏板厚度可为 50mm。

栈道的做法如图 2-51 所示。

2.2.3 拱桥的基本构造

拱桥由上部结构和下部支撑结构两大部分组成。上部结构包括梁（或拱）、栏杆等，是景桥的主体部分，要求既坚固，又美观。下部结构包括桥台、桥墩等支撑部分，是拱桥的基础部分，要求坚固耐用，耐水流的冲刷。桥台、桥墩要有深入地基的基础，上面应采用耐水流冲刷材料，还应尽可能减少对水流的阻力，如图 2-52 所示。

2.2.4 园桥基础施工

园路的结构物基础根据埋置深度分为浅基础和深基础，小桥涵常用的基础类型是天然地基上的浅基础，当设置深基础时常采用桩基础。基础所用的材料大多为混凝土或钢筋混凝土结构，石料丰富地区也常采用石砌基础。

扩大基础的施工一般采用明挖的方法，当地基土质较为坚实时，可采取放坡开挖，否则应作各种坑壁支撑；在水中开挖基坑时，应预先修筑围堰，将水排干，然后再开挖基坑。明挖扩大基础的施工主要内容包括定位放样、基坑开挖、基坑排水、基底处理与圬工砌筑。

（1）定位放样

在基坑开挖前，需进行基础的定位放样工作，即将设计图上的基础位置准确地设置到桥址位置上来。如图 2-53 所示，为桥台基础定位放样。基坑各定位点的标高及开挖过程中标高检查应按一般水准测量方法进行。

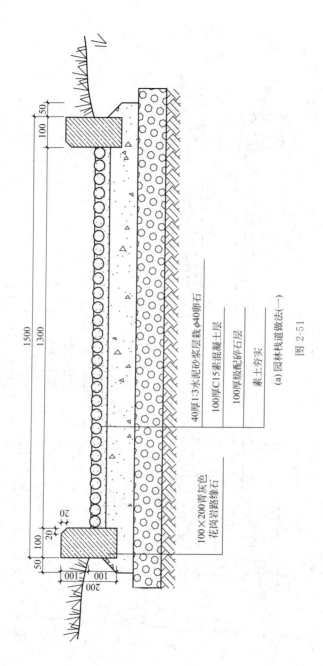

40厚1:3水泥砂浆层散φ40卵石

100厚C15素混凝土层

100厚级配碎石层

素土夯实

100×200青灰色
花岗岩路缘石

(a) 园林栈道做法(一)

图2-51

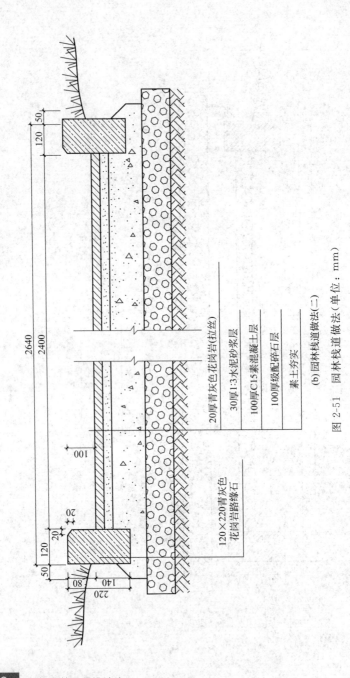

图 2-51 园林栈道做法（单位：mm）

(b) 园林栈道做法(二)

20厚青灰色花岗岩(拉丝)
30厚1:3水泥砂浆层
100厚C15素混凝土层
100厚级配碎石层
素土夯实

120×220青灰色
花岗岩路缘石

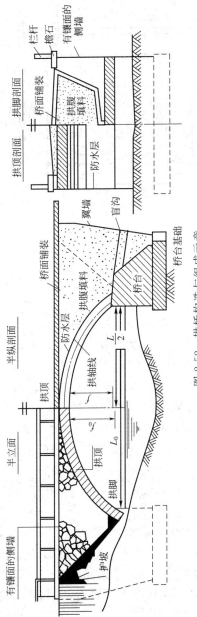

图 2-52 拱桥构造与组成示意

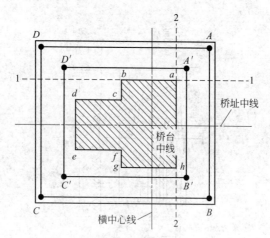

图 2-53　桥台基础定位放样示意图

（2）基坑开挖

基坑开挖应根据土质条件、基坑深度、施工期限以及有无地表水或地下水等因素采用适当的施工方法。

① 不加支撑的基坑开挖　常用不加支撑的基坑的形式如图 2-54 所示。对于一般小桥涵的基础、工程量不大的基坑，可以采用人工施工。施工时，应注意下列几点：

a. 在基坑顶缘四周适当距离处设置截水沟，并防止水沟渗水，以免地表水冲刷坑壁，影响坑壁稳定性。

b. 坑壁边缘应留有护坡道，静荷载距坑边缘不少于 0.5m，动荷载距边缘不少于 1.0m；垂直坑壁边缘的护坡道还应适当增宽；水文地质条件欠佳时应有加固措施。

c. 基坑施工不可延续时间过长，自开挖至基础完成，应抓紧时间连续施工。

d. 如果用机械开挖基坑，挖至坑底时应保留不少于 30cm 的厚度，在基础浇注圬工前应用人工挖至基底标高。

② 有支撑的基坑　土质不易稳定并有地下水等影响，或施工现场条件受限时，可采用有支撑的基坑。常用的坑壁支撑形式有直衬板式坑壁支撑、横衬板式坑壁支撑、框架式支撑及其他形式的支

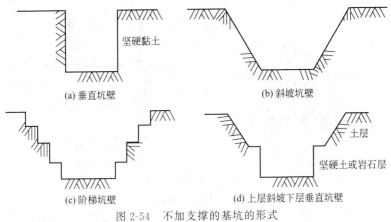

(a) 垂直坑壁

坚硬黏土

(b) 斜坡坑壁

(c) 阶梯坑壁

(d) 上层斜坡下层垂直坑壁

土层

坚硬土或岩石层

图 2-54　不加支撑的基坑的形式

撑（如锚桩式、斜撑式、锚杆式、锚碇板式等），如图 2-55 所示。

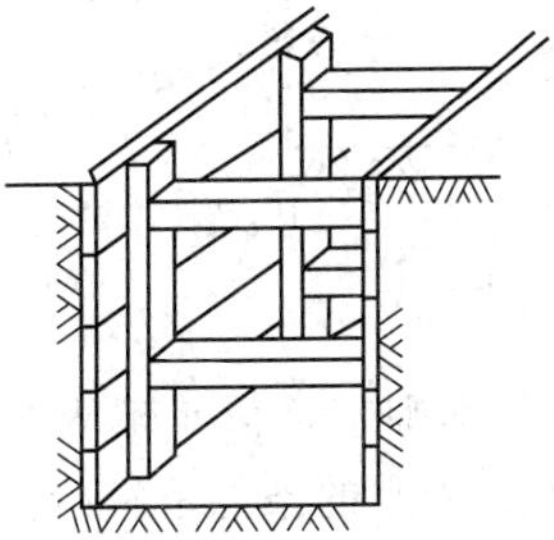

横衬板支撑一次完成

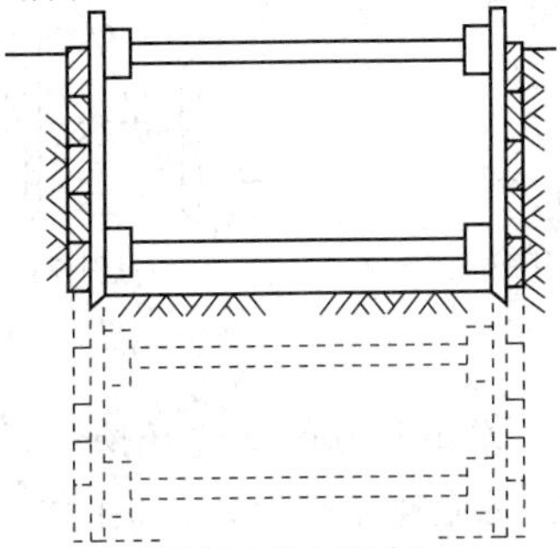

横衬板支撑分段完成

(a) 横衬板式坑壁支撑

框架人字形支撑

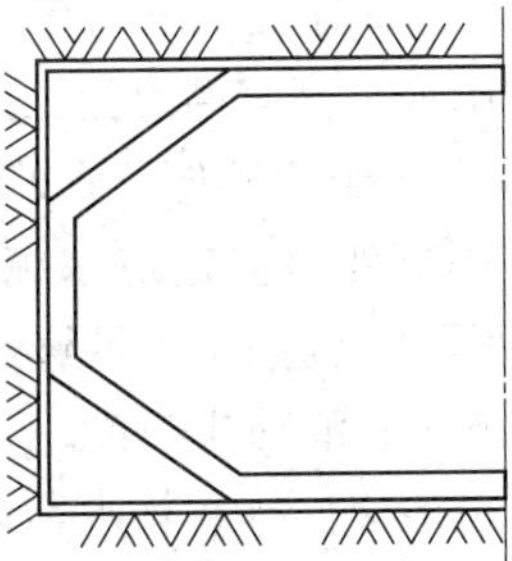

框架八字形支撑

(b) 框架式支撑

图 2-55

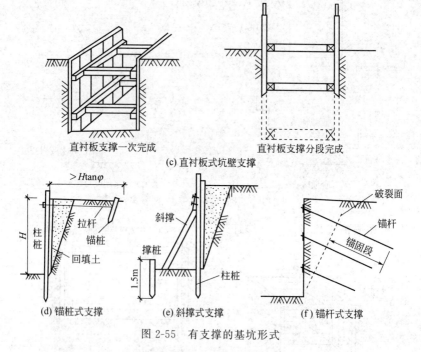

图 2-55　有支撑的基坑形式

③ 水中基础的基坑开挖　桥梁墩台基础常常位于地表水位以下，有时流速还较大，施工时应在无水或静水的条件下进行。桥梁水中基础最常用的方法是围堰法。围堰的作用主要是防水和围水，有时还起着支撑基坑壁的作用。

a. 围堰顶高宜高出施工期间最高水位 70cm 以上，最低不应小于 50cm，用于防御地下水的围堰宜高出水位或地面 20～40cm。

b. 围堰外形应适应水流排泄，大小不应压缩流水断面过多，堰身断面尺寸应保持有足够的强度和稳定性，使基坑开挖后围堰不致发生破裂、滑动或倾覆。

c. 一般应安排在枯水期进行。

（3）基坑排水

① 集水坑排水法　集水坑底宽不小于 0.3m、纵坡为 1%～5%，一般设在下游位置，坑深应大于进水笼头高度，并用荆笆、

竹箕、编筐或木笼围护，以避免泥沙阻塞吸水笼头。

②井点排水法　当土质较差有严重流沙现象，地下水位较高，挖基较深，坑壁不易稳定，用普通排水方法很难解决时，这时可采用井点排水法。

(4) 基底处理

天然地基基础的基底土壤好坏对基础、墩台及上部结构的影响很大，一般应进行基底的处理工作，参见表 2-6。

表 2-6　基底处理方法一览表

基底地质	处理方法
岩层	①以风化的岩层基底应清除岩面碎石、石块、淤泥、苔藓等 ②风化的岩层基底，其开挖基坑尺寸要少留或不留富余量，灌注基础圬工同时将坑底填满，封闭岩层 ③岩层倾斜时，应将岩面凿平或凿成台阶，使承重面与重力线垂直，以免滑动 ④砌筑前，岩层表面且水冲洗干净
黏土层	①铲平坑底时，不能扰动土壤天然结构，不得用土回填 ②必要时，加铺一层 10cm 厚的夯填碎石，碎石面不得高出基底设计标高 ③基坑挖完处理后，应在最短期间砌筑基础，防止暴露过久变质
碎石及砂类土壤	承重面应修理平整夯实，砌筑前铺一层 2cm 厚的浓稠水泥砂浆
湿陷性黄土	①基底必须有防水措施 ②根据土质条件，使用重锤夯实、换填、挤密桩等措施进行加固，改善土层性质 ③基础回填不得使用砂、砾石等透水土壤，应用原土加夯封闭
冻土层	①冻土基础开挖宜用天然或人工冻结法施工，并应保持基底冻层不融化 ②基底设计标高以下，铺设一层 10～30cm 粗砂或 10cm 的冷混凝土垫层，作为隔热层
软土层	①基底软土小于 2m 时，应将软土层全部挖除，换以中、粗砂、砾石、碎石等力学性质较好的填料，分层夯实 ②软土层深度较大时，应布置砂桩（或砂井）穿过软土层，上层铺砂垫层

基底地质	处理方法
溶洞	①暴露的溶洞应用浆砌片石、混凝土填充，或填砂、砾石后，压水泥浆充实加固 ②检查有无隐蔽溶洞，在一定深度内钻孔检查 ③有较深的溶沟时，也可作钢筋混凝土盖板或梁跨越，亦可改变跨径避开
泉眼	①插入钢管或做木井，引出泉水使与圬工隔离，以后用水下混凝土填实 ②在坑底凿成暗沟，上放盖板，将水引出至基础以外的汇水井中抽出，圬工硬化后，停止抽水

（5）圬工砌筑

在基坑中砌筑基础圬工，可分为无水砌筑、排水砌筑及水下灌筑三种情况。基础圬工用料应在挖基完成前准备好，以确保能及时砌筑基础，防止基底土壤变质。

① 排水砌筑　保证在无水状态下砌筑圬工；禁止带水作业及用混凝土将水赶出模板外的灌注方法；基础边缘部分应严密隔水；水下部分圬工必须待水泥砂浆或混凝土终凝后方可允许浸水。

② 水下灌筑混凝土　一般只有在排水困难时采用。基础圬工的水下灌筑分为水下封底和水下直接灌筑基础两种。前者封底后仍要排水再砌筑基础，封底只是起封闭渗水的作用，其混凝土只作为地基而不作为基础本身，适用于板桩围堰开挖的基坑。

水下封底混凝土为满足防渗漏的要求，最小厚度一般为 2m 左右。水下混凝土的灌注方法采用的是垂直移动导管法，如图 2-56、图 2-57 所示。

对于大体积的封底混凝土，可分层分段逐次灌注。对于强度要求不高的围堰封底水下混凝土，也可以一次由一端逐渐灌注到另一端。采用导管法灌注水下混凝土要注意下列几个问题：

a. 导管应试拼装，充水加压，检查导管有无漏水现象。

b. 为使混凝土有良好的流动性，粗骨料粒径以 2～4cm 为宜。

c. 必须确保灌注工作的连续性，在灌注过程中正确掌握导管

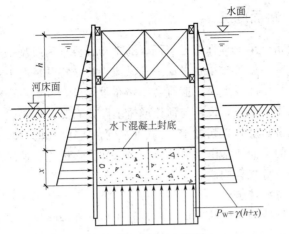

图 2-56　基础的封底混凝土

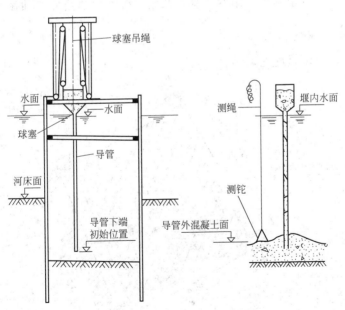

图 2-57　垂直导管法灌注水下混凝土

的提升量，埋入深度一般不应小于 0.5m。

2.2.5 桥面施工

桥面指桥梁上构件的上表面。通常布置要求为线型平顺，与路线顺利搭接。城市桥梁在平面上宜做成直桥，特殊情况下可做成弯桥，如果采用曲线形时，应符合线路布设要求。桥梁平面布置应尽可能采用正交方式，以免与河流或桥上路线斜交。如果受条件限制时，跨线桥斜度不宜超过 15°，在通航河流上不宜超过 15°。

梁桥的桥面通常由桥面铺装、防水和排水设施、伸缩缝、人行道、栏杆、灯柱等构成。

(1) 桥面铺装

桥面铺装的作用是避免车轮轮胎或履带直接磨耗行车道板；保护主梁免受雨水侵蚀，分散车轮的集中荷载。因此桥面铺装的要求是：具有一定强度，耐磨，避免开裂。桥面的铺装样式如图 2-58 所示。

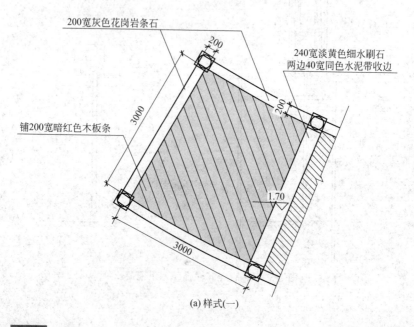

(a) 样式(一)

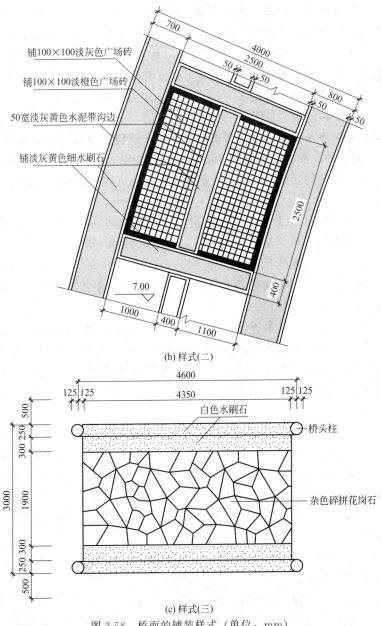

铺100×100淡灰色广场砖

铺100×100淡橙色广场砖

50宽淡灰黄色水泥带沟边

铺淡灰黄色细水刷石

(b) 样式(二)

白色水刷石

桥头柱

杂色碎拼花岗石

(c) 样式(三)

图 2-58　桥面的铺装样式（单位：mm）

桥面铺装一般采用水泥混凝土或沥青混凝土，厚6～8cm，混凝土强度等级不低于行车道板混凝土的强度等级。在不设防水层的桥梁上，可在桥面上铺装厚8～10cm有横坡的防水混凝土，其强度等级也不低于行车道板的混凝土强度等级。

（2）桥面排水和防水

桥面排水是借助于纵坡和横坡的作用，使桥面水迅速汇向集水碗，并从泄水管排出桥外。横向排水是在铺装层表面设置1.5%～2%的横坡，横坡通常是铺设混凝土三角垫层时形成的，对于板桥或就地建筑的肋梁桥，也可在墩台上直接形成横坡，而做成倾斜的桥面板。

当桥面纵坡大于2%而桥长小于50m时，桥上可不设泄水管，而在车行道两侧设置流水槽以免雨水冲刷引道路基，当桥面纵坡大于2%而桥长大于50m时，应沿桥长方向12～15m设置一个泄水管，如果桥面纵坡小于2%，则应将泄水管的距离减小至6～8m。

桥面防水是将渗透过铺装层的雨水挡住并汇集到泄水管排出。一般可在桥面上铺8～10cm厚的防水混凝土，其强度等级一般不低于桥面板混凝土强度等级。当对防水要求较高时，为了避免雨水渗入混凝土微细裂纹和孔隙，保护钢筋时，可以采用"三油三毡"防水层。

（3）伸缩缝

为了确保主梁在外界变化时能自由变形，就需要在梁与桥台之间，梁与梁之间设置伸缩缝（也称变形缝）。伸缩缝的作用除确保梁自由变形外，还能使车辆在接缝处平顺通过，避免雨水及垃圾泥土等渗入，其构造应方便施工安装和维修。伸缩缝的做法如图2-59所示。

常用的伸缩缝有：U形镀锌薄钢板式伸缩缝、橡胶伸缩缝、钢板伸缩缝。

（4）人行道、栏杆和灯柱

城市桥梁一般均应设置人行道，人行道一般采用肋板式构造。

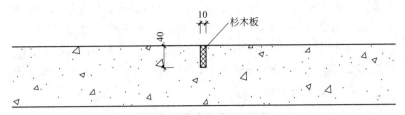

图 2-59 伸缩缝的做法（单位：mm）

栏杆是桥梁的防护设备，城市桥梁栏杆应该美观实用、朴素大方，栏杆高度通常为 1.0～1.2m，标准高度是 1.0m。栏杆柱的间距一般为 1.6～2.7m，标准设计为 2.5m。

城市桥梁应设照明设备，照明灯柱可以设在栏杆扶手的位置上，也可靠近边缘石处，其高度一般高出车道 5m 左右。

（5）梁桥的支座

梁桥支座的作用是将上部结构的荷载传递给墩台，同时确保结构的自由变形，使结构的受力情况与计算简图相一致。

梁桥支座一般按桥梁的跨径、荷载等情况分为简易垫层支座、弧形钢板支座、钢筋混凝土摆柱、橡胶支柱。桥面的一般构造如图 2-60 所示。

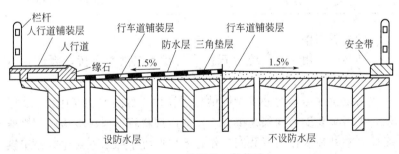

图 2-60 桥面的一般构造

2.2.6 拱桥的施工

（1）石板平板桥

常用石板宽度在 0.7～1.5m，以 1m 左右较多，长度 1～3m

不等，石料不加修琢，仿真自然，也不设栏杆，或只在单侧设栏杆。如果游客流量较大，则并列加拼一块石板使宽度在1.5～2.5m，甚至更大可至3～4m。为安全起见，一般都加设石栏杆，栏杆不宜过高，在450～650mm之间。石板厚度宜200～220mm，常用石料石质见表2-7。

表2-7　石桥常用石料石质

岩石种类	重度/(kN/m³)	极限抗压/MPa	平均弹性模量/MPa	色泽
花岗石	23～28	98×10^3～120×10^3	52×10^5	蓝色、微黄、浅黄，有红色或紫黑色斑点
砂岩	17～27	15×10^3～120×10^3	227×10^5	淡黄、黄褐、红、红褐、灰蓝
石灰岩	23～27	19×10^3～137×10^3	502×10^5	灰白不透明、结晶透明灰黑、青石
大理岩	23～27	69×10^3～108×10^3	—	白底黑色条纹、汉白玉色(青白色、纯白色)
片麻岩	23～26	8×10^3～98×10^3	—	浅黄、青灰，均带黑色芝麻色

(2) 石拱桥

园林桥多用石料，统称石桥，以石砌筑拱券成桥，因此称石拱桥。

石拱桥在结构上分成无铰拱与多铰拱，如图2-61和图2-62所示。拱桥主要受力构件是拱券，拱券由细料石榫卯拼接构成。拱券石能否在外荷载作用下共同工作，不但取决于榫卯方式还有赖于拱券石的砌置方式。

1) 无铰拱的砌筑方式

① 并列砌筑　将若干独立拱券栟比并列，逐一砌筑合龙的砌筑法。一圈合龙，即能单独受力，并有助于毗邻拱券的施工。

并列砌筑的优点如下：

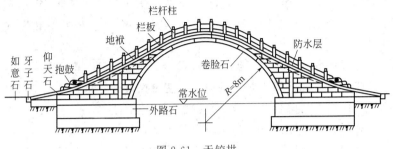

图 2-61 无铰拱

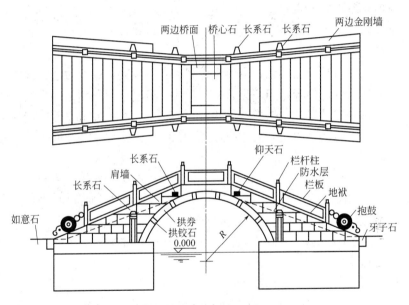

图 2-62 多铰拱

a. 简练安全，省工料，便于维护，只要搭起宽 0.5～0.6m 的脚手架便能施工。

b. 即使一道或几道拱券损坏倒塌，也不会影响全桥。

c. 对桥基的多种沉陷有较大的适应性。

缺点是各拱券之间的横向联系较差。

② 横联砌筑　使拱券在横向交错排列的砌筑，券石横向联系紧密，从而使全桥拱石整体工作性大大加强。由于景桥建筑立面处理和用料上的需要，横联拱券又发展增加出镶边和框式两种。

框式横联拱券吸取了镶边横联拱券的优点，又防止了前者边券单独受力与中间诸拱无联系的缺点，使得拱桥外券材料与加工可高级些，而内券可降低些，也不影响拱桥相连成整体。

两者共同的缺点是：施工时需要满堂脚架。

③ 毛石（卵石）砌筑　完全用不规则的毛石（花岗石、黄石）或卵砾石干砌的拱桥，跨径多在 6～7m。截面多为变截面的圆弧拱。施工多用满堂脚手架或堆土成胎模，桥建成，挖去桥孔径内的胎模土即成。

目前园林工程中无铰拱通常采用拱券石镶边横联砌筑法。即在拱券的两侧最外券各用高级石料（如大理石、汉白玉精琢的花岗石等）镶嵌砌成一独立拱券（又称卷脸石），长度≥600mm，宽度≥400mm，厚度≥300mm。内券之拱石采用横联纵列错缝嵌砌，拱石间紧密层重叠砌筑。

2）多铰拱的砌筑方式

① 有长铰石　每节拱券石的两端接头用可转动的铰来联系。具体做法是将宽 600～700mm、厚 300～400mm、每节长大约为 1m 的内弯拱板石（即拱券石）上下两端琢成榫头，上端嵌入长铰石之卯眼（300～400mm）中，下端嵌入台石卯眼中。靠近拱脚处的拱板石较长些，顶部则短些。

② 无长铰石　即拱板石两端直接琢制卯接以代替有长铰石时的榫头。榫头要紧密吻合，连接面必须严紧合缝，外表看起来不知其中有榫卯。

多铰拱的砌置，不论有无长铰石，实际上都应使拱背以上的拱上建筑与拱券一起成整体工作。

在多铰拱券砌筑完成之后，在拱背肩墙两端各筑有间壁一道，即在桥台上垒砌一条长石作为间壁基石，再在基石之上竖立一排长石板，下端插入基石，上端嵌入长条石底面的卯槽中。间壁和拱顶之间另用长条石一对（300～400mm 的长方形或正方形），叠置平放于联系肩墙之上。长条石两端各露出 250～400mm 于肩墙之外，端部琢花纹，回填三合土（碎石、泥沙、石灰土）。最后，在其上铺砌桥面石板、栏杆柱、栏板石、抱鼓石等。

园林假山景石工程

3.1 假山结构设计

3.1.1 假山石景的设计布置方式

（1）园林石景的造型与布置

石景是以山石为材料，作独立性或附属性的造景布置，主要表现山石的个体美或山石组合体的美。石景体量较小，不具备完整的山形特征，主要以观赏为主，但也可结合一些功能方面的作用。石景的种类如图 3-1 所示。

① 石景的设计形式 石景的种类不同，其在造景中的作用也不尽相同。根据造景作用和观赏效果方面的差异，石景可有特置、孤置、对置、群置、散置和作为器设小品等几种布置方式，如图 3-2 所示。

② 单峰石造型 单峰石主要是利用天然怪石造景，因此其造型过程中选石和峰石的形象处理最为重要，其次还要做好拼石和置石基座的安排。单峰石必须固定在基座上，由基座支承它，并且突出地表现它。基座可以由砖石材料砌筑成规则形状，常见是采取须弥座的形式，也可以采用稳实的墩状座石做成，如图 3-3 所示。

③ 子母石布置 这种石景布置最重要的是保证山石的自然分

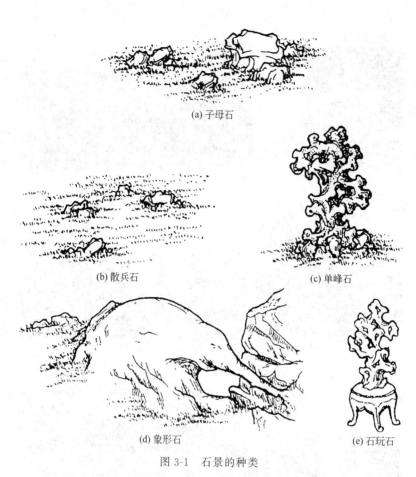

(a) 子母石

(b) 散兵石

(c) 单峰石

(d) 象形石

(e) 石玩石

图 3-1　石景的种类

布和石形、石态的自然性表现。为此，子母石的石块数量最好为单数，要"攒三聚五"，数石成景。所用的石材应大小有别，形状相异，并有天然的风化石面。子母石的布置应使主石绝对突出，母石在中间，子石在周围。子石与母石之间的呼应很重要。呼应能够使石块之间做到"形断气连"，是将聚散布置的山石联系成整体的重要手段。呼应的方法很多，常见的如：使子石向母石倾斜，或者使母石向子石倾斜，展现一种明显的奔趋性，就可以在子母石之间建立呼应关系。这种方式在子母石的平面布局中也可应用，如图 3-4

(a) 特置

(b) 孤置

(c) 对置

(d) 群置

(e) 散置

(f) 山石器设

图 3-2　石景的布置方式

（a）所示。

　　④ 散兵石布置　布置散兵石与布置子母石最不相同的是，前者一定要布置成分散状态，石块的密度不能大，各个山石相互独立

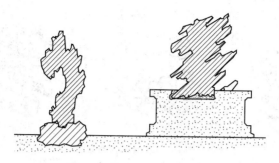

图 3-3　单峰石两种特置方法

最好。当然，分散布置不等于均匀布置，石块与石块之间的关系仍然应按不等于边三角形处理，如图3-4(b)所示。可以这么说：散兵石的布置状态就是将石间距离放大后子母石的布置状态。

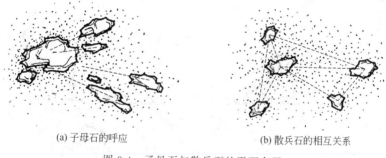

(a) 子母石的呼应　　　　　　　　　　(b) 散兵石的相互关系

图 3-4　子母石与散兵石的平面布置

（2）山石花台

山石花台即用自然山石叠砌的挡土墙，其内种花植树。山石花台的作用如下：

① 降低地下水位，为植物的生长创造了适宜的生态条件，如牡丹、芍药要求排水良好的条件。

② 取得合适的观赏高度，免去躬身弯腰之苦，便于观赏。

③ 通过山石花台的布置组织游览路线，增加层次，丰富园景。

就花台的个体轮廓而言，应有曲折、进出的变化。要有大弯兼小弯的凹凸面，弯的深浅和间距都要自然多变，如图 3-5

(a) 有小弯无大弯

(b) 有大弯无小弯

(c) 兼有大小弯

图 3-5　花台平面布置

所示。

　　花台的断面轮廓应有曲直、伸缩的变化，形成虚实明暗的对比，使其更加自然。具体做法就是使花台的边缘或上伸下缩、或不断上连、或旁断中连，模拟自然界由于地层下陷、崩落山石沿坡滚下成围、落石浅露等形成的自然种植池的景观，如图 3-6所示。

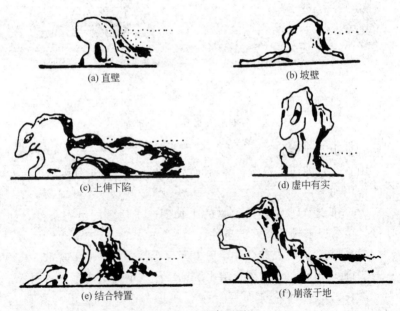

(a) 直壁　　　　　　　　　　　　(b) 坡壁

(c) 上伸下陷　　　　　　　　　　(d) 虚中有实

(e) 结合特置　　　　　　　　　　(f) 崩落于地

图 3-6　花台立面

3.1.2 假山山脚的造型设计

（1）山脚的造型

假山山脚的造型应与山体造型结合起来考虑，在做山脚的时候就要根据山体的造型而采取相适应的造型处理，才能使整个假山的造型形象浑然一体，完整且丰满。在施工中，山脚可以做成如图3-7所示的几种形式。

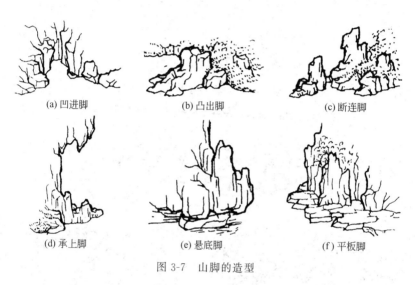

(a) 凹进脚　　　　(b) 凸出脚　　　　(c) 断连脚

(d) 承上脚　　　　(e) 悬底脚　　　　(f) 平板脚

图 3-7　山脚的造型

① 凹进脚　山脚向山内凹进，随着凹进的深浅宽窄不同，脚坡做成直立、陡坡或缓坡都可以。

② 凸出脚　凸出脚是向外凸出的山脚，其脚坡可做成直立状或坡度较大的陡坡状。

③ 断连脚　山脚向外凸出，凸出的端部与山脚本体部分似断似连。

④ 承上脚　山脚向外凸出，凸出部分对着其上方的山体悬垂部分，起着均衡上下重力和承托山顶下垂之势的作用。

⑤ 悬底脚　局部地方的山脚底部做成低矮的悬空状，与其他非悬底山脚构成虚实对比，可增强山脚的变化。这种山脚最适于用

在水边。

⑥ 平板脚　片状、板状山石连续地平放于山脚，做成如同山边小路一般的造型，突出了假山上下的横竖对比，使景观更为生动。

（2）做脚的方法

在具体做山脚时，可以采用以下三种做法，如图3-8所示。

(a) 点脚法

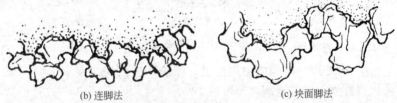

(b) 连脚法　　　　　　　　　　　　(c) 块面脚法

图 3-8　做脚的三种方法

① 点脚法　主要运用于具有空透型山体的山脚造型。所谓点脚，就是先在山脚线处用山石做成相隔一定距离的点，点与点之上再用片状石或条状石盖上，这样，就可在山脚的一些局部造出小的洞穴，加强了假山的深厚感和灵秀感。

② 连脚法　就是做山脚的山石依据山脚的外轮廓变化，成曲线状起伏连接，使山脚具有连续、弯曲的线形。一般的假山都常用

这种连续做脚方法处理山脚。采用这种山脚做法，主要应注意使做脚的山石以前错后移的方式呈现不规则的错落变化。

③ 块面脚法　这种山脚也是连续的，但与连脚法不同的是，坡面脚要使做出的山脚线呈现大进大退的形象，山脚突出部分与凹陷部分各自的整体感都要很强，而不是连脚法那样小幅度的曲折变化。块面脚法一般用于起脚厚实、造型雄伟的大型山体。

3.2　假山工程的施工

3.2.1　假山工程的常用材料

(1) 湖石类

湖石因其产于湖泊而得此名。特别以原产于太湖的太湖石，在江南园林中运用最为普遍，也是历史上开发较早的一类山石。

实际上湖石是经过熔融的石灰岩，在我国分布很广，只不过在色泽、纹理和形态方面有些差别。

一种湖石产于湖崖中，是由长期沉积的粉砂及水的溶蚀作用所形成的石灰岩。其颜色浅灰泛白，色调丰润柔和，质地轻脆易损。该石材经湖水的溶蚀形成大小不同的洞、窝、环、沟；具有圆润柔曲、嵌空婉转、玲珑剔透的外形，叩之有声。

另一种湖石产于石灰岩地区的山坡、土中或河流岸边，是石灰岩经地表水风化溶蚀而生成的；其颜色多为青灰色或黑灰色，质地坚硬，形状变异。目前各地新造假山所用的湖石，大多属于这一种。

环形或扇形，湖石的这些形态特征，决定了它特别适于用作特置的单峰石和环透式假山。

在不同的地方和不同的环境中生成的湖石，其形状、颜色和质地都有一些差别。

① 太湖石　太湖石是一种石灰岩的石块，体态玲珑通透，表面多弹子窝洞，形状婀娜多姿。因主产于太湖而得名，如图3-9所示。湖石是江南园林中运用最为普遍的一种，也是历史上开发较早的一类山石。人们对山石的评判标准也限于"瘦、皱、漏、透"。湖石外观呈现圆润柔曲、玲珑剔透、涡洞相套、皱纹疏密的特点。其纹理纵横，脉络显隐，石面上遍布坳坎，具有节奏感，即为"皱"；石峰上下左右色泽于浅灰中露白色，比较丰润、光洁，紧密的细粉砂质地，质坚而脆，纹理纵横脉络显隐。轮廓柔和圆润，婉约多变；石面环纹、曲线婉转回还，穴窝（弹子窝）、孔眼、漏洞错杂其间，使石形变异极大。还很自然地形成沟、缝、穴、洞，有时窝洞相套，玲珑剔透，蔚为奇观，有如天然的雕塑品，观赏价值比较高。因此常选其中形体险怪，嵌空穿眼者作为特置石峰。湖石在水中和土中皆有所产，尤其是水中所产者，经浪雕水刻，形成涡、纹、隙、沟、环、洞，洞在环的断裂面又形成锐利的曲形锋面，故而外形玲珑剔透、瘦骨突兀、纤巧秀润，常被用作特置石峰以体现秀奇险怪之势。和太湖石相近的还有宜兴石和青龙山石，济南一带则有少洞穴、多竖纹、形体顽劣的"仲宫石"，色似象皮青而细纹不多，形象雄浑。

图3-9　太湖石

太湖石为典型的传统贡石，以造型取胜，"瘦、皱、漏、透"是其主要审美特征，多玲珑剔透、重峦叠嶂之姿，宜作园林石等。而把各地产的由岩溶作用形成的千姿百态、玲珑剔透的碳酸盐岩统称为广义的太湖石。太湖石原产于苏州所属太湖中的西洞庭山，江南其他湖泊区也有出产。

②房山石　新开采的房山石呈土红色、橘红色或更淡一些的土黄色，日久以后表面带些灰黑色。质地坚硬，质量大，有一定韧性，不像太湖石那样脆。这种山石也具有太湖石的涡、沟、环、洞的变化，因此也有人称它们为北太湖石。它的特征除了颜色和太湖石有明显的区别以外，容重比太湖石大，扣之无共鸣声，多密集的小孔穴而少有大洞，因此外观比较沉实、浑厚、雄壮。这和太湖石外观轻巧、清秀、玲珑是有明显差别的，如图3-10所示。和这种山石比较接近的还有镇江所产的砚山石，形态颇多变化而色泽淡黄清润，扣之微有声。房山石产于北京房山区大灰厂一带的山上。

图3-10　房山石

③英石　多为灰黑色，但也有灰色和灰黑色中含白色晶纹等其他颜色；由于色泽的差异，英石又可分为白英、黑英和灰英。灰英居多而价低。白英和黑英因物稀而为贵，以黑如墨、白如脂者为

上品。英石是石灰岩碎块被雨水淋溶或埋于土中被地下水溶蚀所生成的，质地坚硬、脆性较大。石形轮廓多转角，石面形状有巢状、绉状等，绉状中又分大绉和小绉，以玲珑精巧者为佳形。英石或雄奇险峻，或嶙峋陡峭，或玲珑宛转，或驳接层叠，如图 3-11 所示。大块者可作园林假山的构材，或单块竖立或平卧成景。小块而峭峻者常被用以组合制作山水盆景，英德市望埠镇就有一个专门生产这

图 3-11　英石

种盆景的工艺厂。英石的玲珑小块，质量特佳者，且有奇特的形象者可作为案几石摆设，甚有观赏价值。英石原产于广东省英德县，但多为盆景用的小块石。

④ 灵璧石　此石产于土中，被赤泥渍满，须刮洗方显本色。其石中灰色而甚为清润，质地也脆，用手弹也有共鸣声。石面有坳坎的变化，石形也千变万化，但其很少有婉转回折之势，须借人工以全其美，如图 3-12 所示。这种山石可掇山石小品，更多的情况下作为盆景石玩，原产安徽灵璧县。

⑤ 宣石　初出土时表面有铁锈色，经刷洗过后，时间久了就转为白色；或在灰色山石上有白色的矿物成分，有如皑皑白雪盖于石上，具有特殊的观赏价值，如图 3-13 所示。此石极坚硬，石面常有明显棱角，皱纹细腻且多变化，线条较直。宣石产于安徽宁国县。

图 3-12　灵璧石

图 3-13　宣石

（2）黄石

黄石是一种呈茶黄色的细砂岩，以其黄色而得名。质重、坚硬、形态浑厚沉实、拙重顽劣，且具有雄浑挺括之美。其产于大多山区，但以江苏常熟虞山黄石质地为最好。

采下的单块黄石多呈方形或长方墩状，少有极长或薄片状者，如图 3-14 所示。由于黄石节理接近于相互垂直，所形成的峰面具有棱角锋芒毕露，棱之两面具有明暗对比、立体感较强的特点，无论掇山、理水都能发挥出其石形的特色。

图 3-14　黄石

（3）青石

属于水成岩中呈青灰色的细砂岩，质地纯净而少杂质。由于是沉积而成的岩石，石内就有一些水平层理。水平层的间隔一般不大，因此石形大多为片状，而有"青云片"的称谓。石形也有一些块状的，但成厚墩状者较少，如图 3-15 所示。这种石材的石面有相互交织的斜纹，不像黄石那样一般是相互垂直的直纹。青石在北京园林假山叠石中较常见，在北京西郊洪山口一带都有出产。

图 3-15　青石

（4）石笋

颜色多为淡灰绿色、土红灰色或灰黑色。质重而脆，是一种长形的砾岩岩石。石形修长呈条柱状，立于地上即为石笋，顺其纹理可竖向劈分，如图 3-16 所示。石柱中含有白色的小砾石，如白果般大小。石面上"白果"未风化的，称为龙岩；如果石面砾石已风化成一个个小穴窝，则称为凤岩。石面还有不规则的裂纹。石笋石产于浙江与江西交界的常山、玉山一带。常见石笋又可分为以下几种：

① 白果笋　它是在青灰色的细砂岩中沉积了一些卵石，犹如银杏所产的白果嵌在石中，因以为名。北方则称白果笋为"子母石"或"子母剑"。"剑"喻其形，"子"即卵石，"母"是细砂母岩。这种山石在我国各园林中均有所见。

② 乌炭笋　顾名思义，这是一块乌黑色的石笋，比煤炭的颜色稍浅而无甚光泽。如果用浅色景物作背景，这种石笋的轮廓就更清新。

图 3-16　石笋

③ 慧剑　慧剑是一种净面青灰色、水灰青色的石笋。

（5）钟乳石

多为乳白色、乳黄色、土黄色等颜色；质优者洁白如玉，作石景珍品；质色稍差者可作假山。钟乳石质重，坚硬，是石灰岩被水溶解后又在山洞、崖下沉淀生成的一种石灰华，石形变化大。石内较少孔洞，石的断面可见同心层状构造。这种山石的形状千奇百怪，如图 3-17 所示，石面肌理丰腴，用水泥砂浆砌假山时附着力强，山石结合牢固，山形可根据设计需要随意变化。钟乳石广泛出产于我国南方和西南地区。

（6）石蛋

即大卵石，产于河床之中，经流水的冲击和相互摩擦磨去棱角而成。大卵石的石质有花岗石、流纹岩、砂岩等，颜色白、红、黄、蓝、绿等各色都有，如图 3-18 所示。

这类石多用作园林的配景小品，如路边、草坪、水池旁等的石桌石凳；棕树、芭蕉、蒲葵、海芋等植物处的石景。

（7）黄蜡石

它是具有蜡质光泽，圆光面形的墩状块石，也有呈条状的，如

图 3-17 钟乳石

图 3-18 石蛋

图 3-19 所示。其产地主要分布在我国南方各地。此石以石形变化大而无破损、无灰砂，表面滑若凝脂、石质晶莹润泽者为上品。一般也多用作庭园石景小品，将墩、条配合使用，成为更富于变化的组合景观。

图 3-19　黄蜡石

(8) 水秀石

水秀石颜色有黄白色、土黄色至红褐色，是石灰岩的砂泥碎屑，随着含有碳酸钙的地表水，被冲到低洼地或山崖下沉淀凝结而成。石质不硬，疏松多空，石内含有草根、苔藓、树叶印痕和枯枝化石等，易于雕琢。其石面形状有纵横交错的树枝状、草秆化石状、杂骨状、蜂窝状、粒状等凹凸形状，如图 3-20 所示。

3.2.2　假山工程施工的设施及运用

(1) 山石的固定与衔接

在叠山施工中，不论采用哪一种结构形式，都要解决山石与山石之间的固定与衔接问题，而这方面的技术方法在任何结构形式的假山中都是通用的，如图 3-21 所示。

图 3-20　水秀石

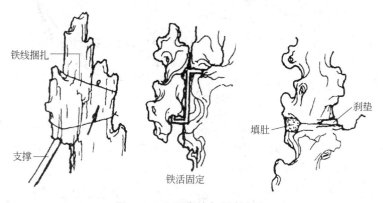

铁线捆扎

支撑

铁活固定

刹垫

填肚

图 3-21　山石衔接与固定方法

（2）山石加固设施

必须在山石本身重点稳定的前提下用以加固。常用熟铁或钢筋制成。铁活要求用而不露，因此不易发现。古典园林中常用的有以下几种：

① 银锭扣　为生铁铸成，有大、中、小三种规格。主要用以

加固山石间的水平联系。先将石头水平向接缝作为中心线，再按银锭扣大小画线凿槽打下去。古典石作中有"见缝打卡"的说法，其上再接山石就不外露了，如图3-22所示。

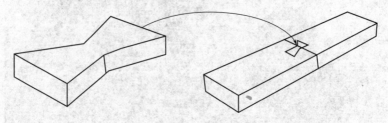

图3-22　银锭扣

② 铁爬钉　或称"铁锔子"。用熟铁制成，用以加固山石为水平向及竖向的衔接，如图3-23所示。

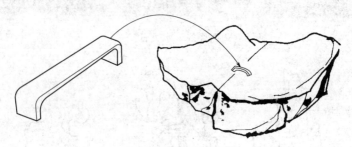

图3-23　铁爬钉

③ 铁扁担　多用于加固山洞，作为石梁下面的垫梁。铁扁担之两端成直角上翘，翘头略高于所支撑石梁两端，如图3-24所示。

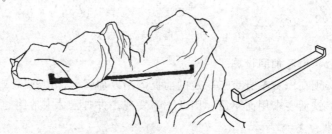

图3-24　铁扁担

④ 马蹄形吊架和叉形吊架　吊架从条石上挂下来，架上再安放山石便可裹在条石外面，使其接近自然山石的外貌，如图 3-25所示。

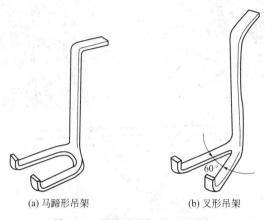

(a) 马蹄形吊架　　　　　　　　(b) 叉形吊架

图 3-25　马蹄形吊架和叉形吊架

（3）山石的搬运

石料到工地后应分块平放在地面上以供"相石"。山石搬运时可用粗绳结套，如一般常用的"元宝扣"使用方便，结活扣而靠山石自重将绳压紧，绳长可调整，如图 3-26所示。山石基本到位后因"找面"而最后定位移为"走石"。走石用铁撬棍操作，可前、后、左、右移动山石至理想位置，如图 3-27所示。

（4）假山堆叠技法

假山有峰、峦、洞、壑等各种组合构造形式，是通过山石之间的拼叠砌筑而形成的，这种拼叠砌筑的方法称作技法。这些技法是历代工匠、技师们从自然山石景观中总结归纳出来的。在实际运用过程中，应根据石料的状况、假山的设计要求，做到因地制宜、随机应变、灵活处理。

① 安　将一块山石料平放在一块或几块山石之上的叠石方法称作安。安即要求平放的山石料放置稳定，不能被摇动，石下不稳不实处要用刹石垫实卡紧。根据安石下面支承石的多少，分为单

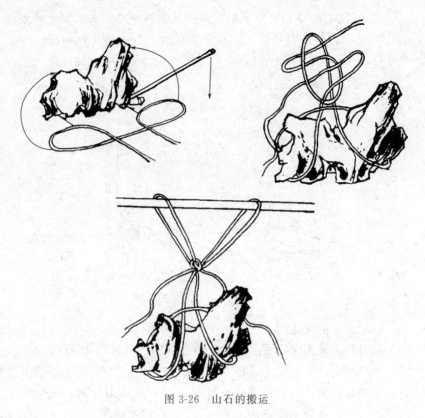

图 3-26　山石的搬运

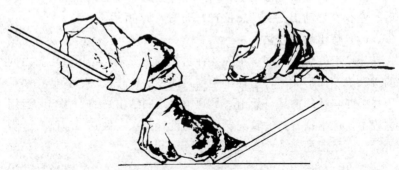

图 3-27　山石的调整

图解园林工程设计施工

安、双安、三安三种形式，如图 3-28 所示。

(a) 单安　　　　　　(b) 双安　　　　　　(c) 三安

图 3-28　假山堆叠技法——安

安的技法主要用于山脚穿透或石下需要做眼的地方。

② 压　为了稳定假山悬崖或使出挑的山石保持平衡，用重石镇压悬崖后部或出挑山石的后端，这种叠石方法就是压，如图 3-29(a)所示。压的时候，要注意使重石的重心位置落在挑石后部适当地方，使其既能压实挑石，又不会因压得太靠后而导致挑石翘起翻倒。

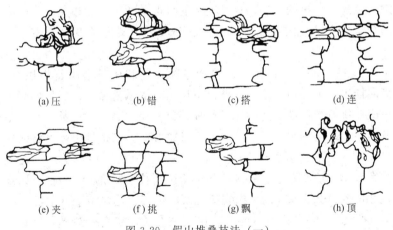

(a) 压　　　　(b) 错　　　　(c) 搭　　　　(d) 连

(e) 夹　　　　(f) 挑　　　　(g) 飘　　　　(h) 顶

图 3-29　假山堆叠技法（一）

③ 错　错是指错落叠石，上石和下石采取错位相叠，而不是平齐叠放，如图 3-29(b)所示。错的技法可以使层叠的山石有更多变化，叠砌体表面更易形成沟槽、凹凸和参差的形体特征，使山体形象更加生动自然。

④ 搭　用长条形石或板状石跨过其下方两边分离的山石，并盖在分离山石之上的叠石技法称为搭，如图 3-29(c) 所示。搭的技法主要应用在假山上做石桥和对山洞盖顶处理。搭所用的山石形状一定要避免规则，要用自然形状的长形石。

⑤ 连　山石之间的水平衔接，称为连，如图 3-29(d) 所示。相连的山石在其连接处的茬口形状和石面皴纹要尽量相互吻合，能做到严丝合缝最理想，但多数情况下只能要求基本吻合。吻合的目的不仅在于求得山石外观的整体性，更主要是为了结构上的浑然一体。茬口中的水泥砂浆一定要填塞饱满，接缝表面应随着石形的变化而变化，要抹成平缝，以便使山石完全连成整体。

⑥ 夹　在上下两层山石之间，塞进比较小块的山石并用水泥砂浆固定下来，就可在两层山石间做出洞穴和孔眼，这种叠石技法称为夹，如图 3-29(e) 所示。其特点是两石上下相夹，所做孔眼如同水平槽缝状。此外，向直立的两块峰石之间塞进小石并加以固定，也是一种夹的方法，这种夹法的特点是两石左右相夹，所造成的孔洞主要是竖向槽孔。夹的技法是假山造型中做眼的主要方法之一。

⑦ 挑　挑又称出挑、外挑或悬挑，是利用长形山石作挑石，横向伸出其下层山石之外，并以下层山石支承重量，再用另外的重石压住挑石的后端，使挑石平衡地挑出，如图 3-29(f) 所示，这是各类假山都运用很广泛的一种山石堆叠方法。在出挑中，挑石的伸出长度一般是其本身长度的 1/3～1/2。若挑出一层不够远，还可继续挑出一层至数层，就现代的假山施工技术而言，一般都可以出挑 2m 多。出挑成功的关键在于挑石的后端一定要用重石压紧。

⑧ 飘　当出挑山石的形状比较平直时，在其挑头置一小石如飘飞状，可使挑石形象变得生动些，这种叠石手法就叫飘，如图 3-29(g) 所示。

⑨ 顶　立在假山上的两块山石，相互以其倾斜的顶部靠在一起，呈顶牛状，这种叠石方法称做顶，如图 3-29(h) 所示。

⑩ 斗　斗即用分离的两块山石的顶部，共同顶起另一块山石，

如同争斗状，如图 3-30(a) 所示。斗的方法也常用在假山上做透穿的孔洞，它是环透式假山最常用的叠石手法之一。

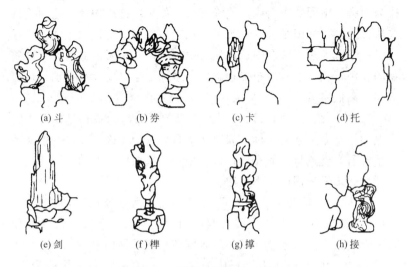

图 3-30　假山堆叠技法（二）

⑪ 券　券就是用山石作为券石来起拱做券，所以也称为拱券，如图 3-30(b) 所示。正如清代假山艺匠戈裕良所说，做山洞"只将大小石钩带联络，如造环桥法，可以千年不坏。要如真山洞壑一般，然后方称能事"。如现存苏州环秀山庄之太湖石假山，其中环、岫、洞皆为拱券结构，至今已经 200 多年，仍稳固依然，不塌不毁。

⑫ 卡　在两个分离的山石上部，用一块较小山石插入两石之间的楔口而卡在其中，从而达到将两石上部连接起来，并在其下做洞的叠石方法，如图 3-30(c) 所示。在自然界中，山上崩石被下面山石卡住的情况也很多见，如云南石林的"千钧一发"石景、泰山和衡山的仙桥山景等。

⑬ 托　托即从下端伸出山石，去托住悬、垂山石的做法，如图 3-30(d) 所示。如南京瞻园水洞的悬石，在其内侧视线不可及处，有从石洞壁上伸出的山石托住洞顶悬石的下端，就是采用的

托法。

⑭ 剑 用长条形峰石直立在假山上，作假山山峰的收顶石或作为山脚、山腰的小山峰，使峰石直立如剑，挺拔峻峭，这种叠石技法称为剑，如图 3-30(e) 所示。在同一座假山上，采用剑法布置的峰石不宜太多，太多则显得如刀山剑树，这是假山造型应力求避免的。剑石相互之间的布置状态应该多加变化，要大小有别、疏密相间、高低错落。

⑮ 榫 在上下相接两石石面凿出的榫头与榫眼相互扣合，将高大的峰石立起来称为榫，如图 3-30(f) 所示。这种方法多用来竖立单峰石，做成特置的石景；也有用来立起假山峰石的，如北京圆明园紫碧山房的假山便用此法。

⑯ 撑 撑是在重心不稳的山石下面，用另外山石加以支撑，使山石稳定，并在石下造成透洞，如图 3-30(g) 所示。支撑石要与其上的山石连接成整体，要融入到整个山林结构中。

⑰ 接 短石连接为长石称为接，山石之间竖向衔接称为接，如图 3-30(h) 所示。接口平整时可以接，接口虽不平整但两石的茬口凸凹相吻合者，也可相接。接口处在外观上要依皴连接，至少要分出横竖纹来。

⑱ 拼 假山若全用小石叠成，则山体显得琐碎、零乱；而全用大石叠山，则运输、吊装、叠山过程中又很不方便；因此，在叠石造山中用小石组合成大石的技法，就是拼，如图 3-31(a) 所示。有一些假山的山峰叠好后，发现峰体太细，缺乏雄壮气势，这时就要采用拼的手法来拼峰，将其他一些较小的山石拼合到峰体上，使山峰雄厚起来。

⑲ 贴 在直立大石的侧面附加一块小石，称为贴的叠石手法，如图 3-31(b) 所示。这种手法主要用于使过于平直的大石石面形状有所变化，使大石形态更加自然，更加具有观赏性。

⑳ 背 在采用斜立式结构的峰石上部表面，附加一块较小山石，使斜立峰石的形象更为生动，这种叠石状况有点像大石背着小石，所以称为背，如图 3-31(c) 所示。

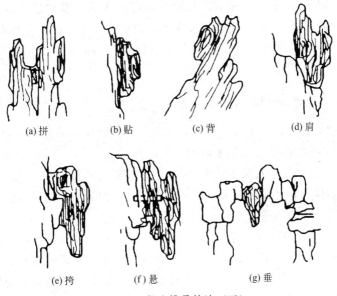

(a)拼 (b)贴 (c)背 (d)肩

(e)挎 (f)悬 (g)垂

图 3-31　假山堆叠技法（三）

㉑ 肩　为了加强立峰的形象变化，在一些山峰微凸的肩部，立起一块较小山石，使山峰的这一侧轮廓出现较大的变化，有助于改变整个山峰形态的缺陷部位，这种技法称为肩，如图 3-31(d) 所示。

㉒ 挎　在山石外轮廓形状单调而缺乏凹凸变化的情况下，可以在立石的肩部挎一块山石，如图 3-31(e) 所示。挎石要充分利用茬口咬合，或借上面山石的重力加以稳定，必要时在受力处用钢丝或其他铁活辅助进行稳定。

㉓ 悬　在下面是环孔或山洞的情况下，使某山石从洞顶悬吊下来，这种叠石方法称为悬，如图 3-31(f) 所示。在山洞中，随处做一些洞顶的悬石，能够很好地增加洞顶的变化，使洞顶景观就像石灰岩溶洞中倒悬的钟乳石一样。设置悬石，一定要将其牢固嵌入洞顶。若恐悬之不坚，也可在视线看不到的地方附加铁活稳固设施，如南京瞻园水洞之悬石就是这样。

㉔ 垂　山石从一个大石的顶部侧位倒挂下来，形成下垂的结

构状态的叠石方法称为垂，如图 3-31（g）所示。垂与悬的区别在于，垂为中悬，悬为侧垂；与拷之区别在于，垂以倒垂之势取胜。垂的手法往往能够制造出一些险峻状态，因此多被用于立峰上部、悬崖顶上、假山洞口等处。

3.2.3　假山的施工

（1）假山施工准备

① 熟悉设计要求和了解施工现场情况

a. 通过设计人员的图样交流和阅读相应的设计图样和文件，深刻领会设计造景的意图，了解设计的具体内容，明确具体的施工工期，理清施工中的重要点和难点。

b. 通过踏勘假山建造地的现场，了解周围的环境条件，明确有关的基地土质情况，对照设计要求核实相应的技术数据。

② 制作模型　对于重要的假山工程，应根据设计要求制作模型，以体现假山的预期效果，用于指导具体的施工。模型的比例一般为 1:（20～50）。制作模型的材料可为石膏、水泥砂浆、黏土、橡皮泥或泡沫塑料等可塑并容易加工的材料。模型必须按设计要求制作，结合山体总体布局、山体走向、山峰位置、主次关系的沟壑、洞穴、溪涧的走向，尽量做到体量适宜、布局精巧，能充分体现出设计意图，为假山的堆叠施工提供重要的依据。

③ 编制施工工艺方案　根据数据设计的要求，结合现场的施工条件，按照工期规定，编制石假山堆叠施工工艺方案。施工工艺方案中应理清各施工工序的流程，明确各流程工序的关键问题和所采取的措施。在施工工艺方案中，必须注意石材的选用，山石之间的拼叠和关键部位的连接措施，山体外观的色泽与纹理，外轮廓的造型等问题。还应提示叠石时对山体的临时加固措施，安全施工事项等问题的具体解决方法。

④ 材料与机具的准备　石料的选择应在充分理解设计意图后，根据假山造型规划设计的需要而定，并且要求通盘考虑山石的形状与用量，在可能的条件下尽量使用当地产的石料，以减少材料费

用。石材因产于地面、土中或部分裸于地面，有旧石、新石或半新、半旧之分，它们堆叠山体的外观色泽效果会有所区别。

选择的石料有通货石和单块峰石之区别。通货石是指不分大小、好坏，混合在一起。选购通货石不必一味求大、求整，应根据叠山需要而定，以大小适应搭配为好，并且力求形状多变。为了堆叠风格和谐的假山，石质、石色、石纹、石性能基本特征力求统一。对于单块峰石，以单块成形、四面均可观赏者为极品，三面可观赏者为上品，前后两面可看者或相邻两面可看者为半品，一面可观者则为末品。应该根据假山山体的造型与峰石安置的位置综合考虑选购一定数量的峰石。

为了方便于堆叠时对石材预选相石，应根据石料的大小、类别、好坏、使用顺序分别合理堆放。如峰石多为最后安置使用，则放置于离施工现场稍远一点的地方，并且单独存放而不宜堆叠在一起，并使最具形状特征和最具有观赏性的一面朝天；用于拉底的石材，可放在设置点附近；用于封顶的石材可放在后面；石色纹理接近的放在一处，可用于大面的放置一处等。同时，各式石材堆之间应留设较宽裕的通道，以便搬运石材和人员行走。

假山堆叠施工中一般应配置运输机械、起吊机械、砂浆与混凝土搅拌机，应该按施工工艺方案的规定适时进入施工现场并设置在合适的位置。小型堆山和叠石用拉葫芦就可完成大部分的工程，而对于大型的叠石造山工程，必须配备相应的吊装设备，选用合适的起重机械，可以达到减轻工作强度、提高生产效率的目的。

（2）假山基础施工

① 定位放线　定位是指按设计要求，将所设计的假山在建造现场确定其位置。定位的方法一般为：将假山平面的纵横中心线、纵横方向的边端线、主要部位控制线的两端，设置龙门板或埋置木桩，以此控制假山的平面位置和水平高度。龙门板或控制木桩的设置，应在不影响堆土和基础施工的范围内。

放线是指在定位的基础上，按设计的规定和土方施工的要求，用白色灰料在现有地面上作出挖土的范围控制线，这项工作又称为基础土方挖掘放线。所作出的白色灰线图形应该为封闭式的图形。

有时，为了便于放线和放样，先在设计平面图上按一定的比例尺寸，依工程的大小或工程的平面布置复杂程度，采用 2m×2m、5m×5m 或 10m×10m 的尺寸画出方格网。之后以其所示方格网作为定位和放线的控制体系，进行方格网的定位放线。

② 挖土与木桩基施工　对于一般的假山工程，可以进行土方的挖掘施工，土方挖掘的基本要求可参照第 2 章土方园林工程中的有关内容。

园林假山的埋置深度不大，所以当挖土深度已达到设计所定的基础埋置深度而到达老土层时，应请有关部门或有关人员验证后继续开挖，挖掘至老土层方可。

对于处于水中的假山，常采用桩基。园林假山的桩基常使用较为平直又耐水的柏木桩或杉木桩。木桩顶面的直径为 100～150mm，并且从梢部向下根部向上打设。桩的平面按梅花形排列，桩边至桩边的距离约为 200mm，其基础的宽度由假山底脚的宽度而定，对于大面积的假山则在基础范围内应均匀分布桩身。桩的长度一般由设计规定，一般应超过 1000mm。桩木应常年处于水湿环境中。

桩木顶部之间用块石嵌紧，再用花岗岩条石压顶，在条石上面安置假山石料，以堆叠相应的山体。在现代，常用现浇的钢筋混凝土板代替条石压顶，取得了较好的整体性效果。

③ 基础实体的制作　基础的施工因采用的基础结构类型不同而有较大的差别。

a. 灰土基础。灰土基础一般为宽打窄用，即其宽度应比假山底面积宽出 500mm 左右，保证假山的压力分布均匀地传递到素土层，灰槽的深度一般为 500～600mm。

2m 高以下的假山一般是打一步假山素土、一步灰土。一步灰土即布灰土 300mm、踩实到 150mm、再夯实到 100mm 厚左右。

石灰一定要选用新出窑的块灰，在现场泼水化灰，灰土的比例采用 3∶7，故又称三七灰土。

b. 混凝土基础。陆地上的假山选用不低于 C10 的混凝土，水中假山选用 C20 的混凝土。为了增强基础的承载能力，应按设计要求进行配置相应的钢筋，并可减少相应的厚度。

混凝土基础的施工中一般不设模板，依据坑或槽的壁直接控制基础的周边外形。

c. 浆砌块石基础。块石基础下应设混凝土垫层，垫层常为 C10 或 C15 的素混凝土，厚为 100~200mm，其上再砌筑块石基础，常以 M15 或 M25 的水泥砂浆和毛石砌成。

(3) 假山山脚的施工

假山山脚是直接落在基础实体之上的山体底层，它的施工分为拉底、起脚和做脚。

1) 拉底　拉底就是在基础上铺设最底层的自然山石。因为这层山石大部分处于地面线以下，只有小部分露出于地面以上，故不需要形体特别好的山石。但它是受压最大的山石层，须确保有足够的强度，因此宜选用顽劣的大石拉底。拉底的石料选用要求为大块、坚实、耐压，不允许用风化过度的石料充当拉底用料。

① 拉底的方式

a. 满拉底。满拉底就是将山脚线范围之内用山石满铺一层。这种方式适用于规模较小、山底面积不大的假山，或者有冻胀破坏的北方地区及有震动破坏的地区。

b. 线拉底。线拉底就是按山脚线的周边铺砌山石，而内空部分用乱石、碎砖、泥土等填补筑实。这种方式适用于底面积较大的大型假山。

② 拉底的施工要素

a. 底脚石应选择石质坚硬、不易风化的石材。

b. 每块山石必须垫平摆放，用水泥砂浆将底脚空隙灌实，不得产生丝毫的摇晃。

c. 各山石之间要紧密啮合，互相连接形成整体，以承托上面山体的荷载和合理传递给基础。

d. 拉底的边缘要按照设计要求做到错落变化，避免做成平直或浑圆状态。

e. 假山的底石堆叠处理和选料、用料要为山体的中层造型做准备。所以，石料的大小、石理与石色的处理、石纹的组建都应有一个总体布局的思路。

2）起脚　拉底之后，开始砌筑假山山体的首层山石层称做起脚。

① 起脚边线的做法　起脚的面观效果重点反映在起脚的边线上，起脚边线的做法一般有点脚法、连脚法和块面法。

a. 点脚法即在山脚边线上，用山石每隔不同的距离作墩点，然后用片石盖于其上，形成透空小洞穴。这种做法多用于空透型假山的山脚。

b. 连脚法即按照山脚边线连续摆砌曲折变化、高低起伏的山脚石，形成虽有凹凸高低但仍为一个整体的连线状的山脚线。这种做法用得广，适用性也较强。

c. 块面法即使用大块面的石材，连线摆砌成大凸大凹的山脚线。这种做法多用于营造体形雄伟的山体。

② 起脚的施工要点

a. 起脚石应选择厚重实在、质地坚硬的石材，以满足相应的承载要求。同时起脚石应选择大小相间、形态不同、高低不等的料石，以便堆叠成犬牙交错、首尾相接的山脚线。

b. 假山的起脚宜小不宜大、宜收不宜放。即起脚线一定要控制在山脚线的范围以内，宁可向内收进一点，而不要向外扩出去，以避免因起脚过大而使山体出现臃肿、呆笨等现象。

c. 铺设时应先砌筑山脚线突出部位的山石，再砌筑凹进部位的山石，最后砌筑连接部位的山石。

d. 起脚石全部摆砌完成后，应将其空隙用碎砖废石填实灌浆，或填泥土打实，或浇筑混凝土筑平。

在起脚施工之前或之后，对基础进行填土。这样即保护了基础结构部分，又为后续工序工艺的堆叠造型创造了有利条件。

3）做脚　做脚即对山脚的装饰。

（4）假山主体部分堆叠施工

假山的主体部分是假山的底脚至顶层之间的山石组成部分，所以称作假山的中层结构或主体结构。这部分体量最大、观赏部位最多、用材广泛、结构变化多端、单元组合性好。

堆叠施工中，应对每块石料的特点及特性有所了解，观察其形状、大小、重量、纹理、脉络、色泽等，并且熟记在心。在堆叠时，根据设计意图先想象着进行组合拼叠，然后在施工时发挥灵活机动性，发挥每块石材的固有特性，进行合理的石材块料组合，形成设计所要求的山体。

1）堆叠施工技术要点　假山主体部分堆叠施工中的技术要点如下。

①接石压茬　接石压茬是指山石上下层石块料的衔接为石石相接、严密合缝，除有意识地因造型设计要求留设石茬外，避免在下层石上面闪露一些破碎严重的石面，以免影响山体纹脉的自然趣味。

②偏侧错安　在下层石面之上，再行叠设的石料应放于一侧，以破除对称的形体，避免成四方、长方或等边、等角等规则形体。要因偏得致、错综成自然美。在堆叠中掌握每个方向呈不规则的三角形变化，以便为向各个方向的延伸发展创造基本的形体条件。

③反立避闸　将板状石料直立或起撑托过河者，称为闸。山石可立、可蹲、可卧，但一般不宜像闸门板那样仄立。仄立的山石常显得呆板、生硬并特别引人注目。并且，在仄立的山石上再叠筑石材时会因接触面较小而影响稳定。当然，因设计要求而叠置的山石不作此论。

④等分平衡　注意山体的平衡问题，无论是采用挑、拷、悬、重等技法，凡有山体重心前移者，必须用数倍于前沉的重力稳压内侧，把前移的重心再拉回到假山的重心线上。

2）堆叠的技术措施　堆叠的技术措施较多，下面几个常用的措施可作灵活应用。

① 压　靠压不靠拓是叠山的基本常识。山石拼叠，无论大小，都是靠石块自身重量相互挤压、咬合而稳固的，水泥砂浆等材料只起到补充连接和填缝的作用。

② 刹　刹可以理解为压的补充，即两层石料堆叠而无法相互挤压与咬合，可通过放置刹石而取得石料之间的平稳结合。打刹一要找准位置，二要选择合适的刹石，尽可能用数量最少的刹石而求得叠石的稳定。

③ 对边　石料堆叠中要控制好山石的重心，应根据底边下山石的重心来找上面山石的重心位置，以保持上、下山石的稳定。

④ 搭角　搭角是指石与石之间一种上下皮相接的方式。石块与石块之间只需能搭上角，就不会产生因脱落而使山体倒塌的危险。搭角时应使两旁的山石稳固，这是采取该措施的基本条件。

⑤ 防断　防断是指石料选择中的注意点，对于石料存在损伤性的裂缝，石材因有结构性夹砂层、片理性生成缝或过于透漏的湖石，不宜作受弯、悬挑山石，以免断裂现象的产生。

⑥ 忌磨　忌磨是指叠筑施工不可将已摆下的石材作转动式的移位操作。当堆叠山石数层以后，其上再堆砌叠石时如果位置没有摆准确，需要就地移动时，必须把整块石料悬空起吊，调整位置或方向合乎要求后下降摆放，不可将石料在已叠层的山石上以磨转的方式调整设置位置。否则，在磨转过程中会带动下面已砌山石同时移动，从而影响山体的稳定性。

（5）收顶

收顶是指处理假山最顶层的山石。从结构上讲，收顶的山石要求体量大，以便合凑收压。从外观上看，顶层的体量虽不如中层大，但有画龙点睛的作用，所以要选用轮廓和体态都富有特征的山石。收顶一般分峰、峦和平顶三种类型。峰又可分为斧立式、剑立式、斜劈式、流云式、悬垂式、合峰式和分峰式等，其他如莲花式、笔架式、剪刀式等，不胜枚举，如图 3-32 所示。

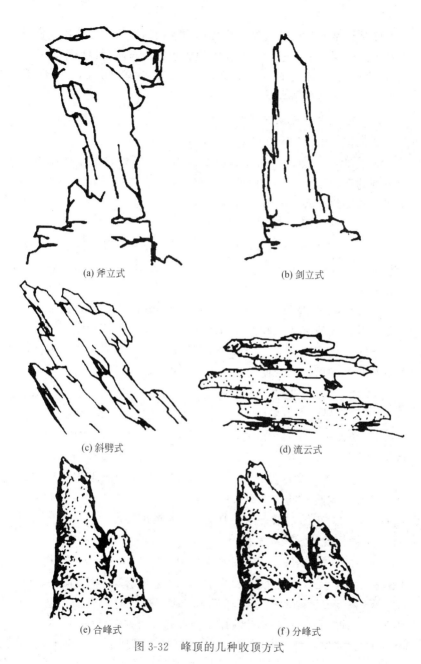

(a) 斧立式

(b) 剑立式

(c) 斜劈式

(d) 流云式

(e) 合峰式

(f) 分峰式

图 3-32　峰顶的几种收顶方式

收顶通常是在逐渐合凑的中层山石顶面加以重力的镇压，使重力均匀地分层传递下去。往往用一块收顶的山石同时镇压下面几块山石，若收顶面积大而石材不够完整，就要采取"拼凑"的手法，并且用小石镶缝使成一体。

（6）施工中应注意的问题

在假山的施工中应注意以下问题：

① 做好施工前的准备工作。在假山施工开始之前，需要做好一系列的准备工作，才能保证工程施工的顺利进行。施工准备主要有备料、场地准备、人员准备及其他工作。

② 工期及工程进度安排要适当。

③ 施工注意先后顺序，应自后向前、由主及次、自下而上分层作业。保证施工工地有足够的作业面，施工地面不得堆放石料及其他物品。

④ 交通路线要最佳安排。施工期间，山石搬运频繁，必须组织好最佳的运输路线，并保证路面平整。

⑤ 施工中切实注意安全，严格按操作规程进行施工。不懂电气和机械的人员，严禁使用和摆弄机电设备。

⑥ 持证上岗。检查各类持证上岗人员的资格。

⑦ 切实保证水电供应，对临时用电设施要检查、验收。

⑧ 必须有坚固耐久的基础。基础不好，不仅会引起山体开裂、破坏、倒塌，还会危及游客的生命安全，因此必须安全可靠。

⑨ 山石材料要合理选用。山石的选用是假山施工中一项很重要的工作。要将不同的山石选用到最合适的位点上，组成最和谐的山石景观，对于结构承重用石要保证有足够的强度。

⑩ 叠山要注意同质、同色、合纹，接形、过渡要处理好。

⑪ 在叠石造山施工中，忌对称居中、重心不稳、刀山剑树、铜墙铁壁、杂乱无章、纹理不顺、鼠洞蚁穴、叠罗汉等通病（图3-33）。

⑫ 搭设或拆除的安全防护设施、脚手架、起重机械设备，如当天未完成，应做好局部的收尾，并设置临时安全措施。

⑬ 高处作业时，不准往下或向上乱抛材料和工具等物件。

(a) 对称居中　　　　　　　　　(b) 重心不稳

(c) 刀山剑树　　　　　　　　　(d) 铜墙铁壁

(e) 杂乱无章　　　　　　　　　(f) 纹理不顺

(g) 鼠洞蚁穴　　　　　　　　　(h) 叠罗汉

图 3-33　假山与石景造型的通病

⑭ 注意按设计要求边施工边预埋各种管线，切忌事后穿凿，松动石体。

⑮ 安石争取一次到位，避免在山石上磨动。

⑯ 掇山完毕后应重新复检设计（模型），检查各道工序，进行必要的调整补漏，冲洗石面，清理现场。如山上有种植池，应填土施底肥，种树、植草一气呵成。

3.2.4 假山洞的施工

（1）假山洞的分类与发展

洞的一般结构即梁柱式结构，整个假山洞壁实际上由柱和墙两部分组成。柱受力而墙承受的荷载不大，因此洞墙部分用作开辟采光和通风的自然窗门。从平面上看，柱是点，同侧柱点的自然连线即洞壁。壁线之间的通道即是洞，如图 3-34 所示。

图 3-34　梁柱式山洞

假山洞的另一结构形式为"挑梁式"或称"叠涩式"，即石柱渐起渐向山洞侧挑伸，至洞顶用巨石压合，如图 3-35 所示。这是吸取桥梁中之"叠梁"或称"悬臂桥"的做法。

到了清代，出现了戈裕良创造的拱券式的假山洞结构。现存苏州环秀山庄之太湖石假山出自戈氏之手，其中山洞无论大小均采用拱券式结构。由于其承重是逐渐沿券成环拱挤压传递，因此不会出现梁柱式石梁压裂、压断的危险，而且顶、壁一气，整体感强，戈氏此举实为假山洞结构之革新，如图 3-36 所示。

图 3-35　挑梁式山洞

图 3-36　拱券式山洞

（2）假山洞的做法

在一般地基上做假山洞，大多筑两步灰土，而且是"满打"，基础两边比柱和壁的外缘略宽出不到 1m，承重量特大的石柱还可以在灰土下面加桩基。这种整体性很强的灰土基础，可以防止因不均匀沉陷造成局部坍倒甚至牵扯全局的危险。有不少梁柱式假山洞都采用花岗岩条石为梁，或间有"铁扁担"加固。这样虽然满足了结构上的要求，但洞顶外观极不自然，洞顶和洞壁不能融为一体，即便加以装饰，也难求全，以自然山石为梁，外观就稍好一些。

（3）下洞上亭结构

下洞上亭的结构分为以下两种：

① 洞和亭之柱重合，重力沿亭柱至洞柱再传到基础上去，由于洞

柱混于洞壁中而不甚显，如避暑山庄烟雨楼假山洞和翼亭的结构。

②洞与亭貌似上下重合而实际上并不重合，例如静心斋之枕峦亭。亭坐落于砖垛之上，洞绕砖垛边侧，由于砖垛以山石包镶，犹如洞在亭下一般。

（4）防渗做法

假山洞结构要领是防渗漏，北方有打两步灰土以为预防的做法。而叠石的处理方法是："凡处块石，俱将四边或三边压掇。若压两边，恐石平中有损。如压一边，即罅稍有丝缝，水不能注。虽做灰坚固，亦不能止，理当斟酌。"

在做好防渗漏的同时要注意按设计要求边施工边预留水路孔洞。

3.2.5 假山工程的置石施工

（1）石形与置法

石形种类越多越好，按其外形，常用的有：立石、椅形石、伏石、平板石、蕈形石、瓜形石、腿形石、灵像石、心形石等，如图3-37所示。石的放置在合乎直、善、美的法则之外，更应注意牢

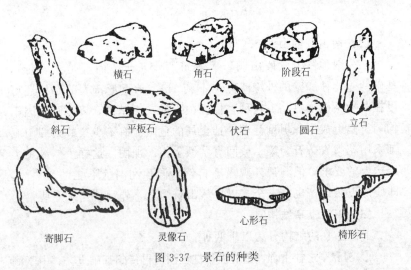

横石　角石　阶段石

斜石　平板石　伏石　圆石　立石

寄脚石　灵像石　心形石　椅形石

图 3-37　景石的种类

固、安全。

① 在园中"摆"石头，应像"种"有生命的物体一般，需将石块根部（大约石块 2/3 部分）埋入地下，使露出土面部分能显得稳固，如图 3-38 所示。

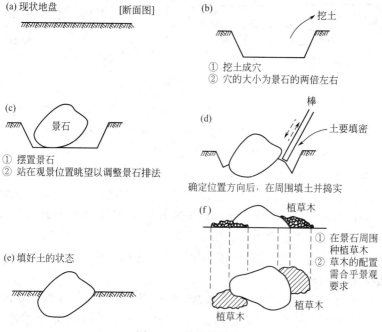

图 3-38　景石摆置法

② 将景石具特色的一面朝向观赏者一边。

③ 上有美丽纹路的石块，则以美丽纹路的一面为正面，其次再考虑形状。

（2）山石踏跺和蹲配

① 山石踏跺　中国传统的建筑多建于台基之上，这样出入口的部位就需要有台阶作为室内外上下的衔接部分。这种台阶可以做成整形的石级，而园林建筑常用自然山石做成踏跺，如图 3-39 所示。它不仅有台阶的功能，而且有助于处理从人工建筑到自然环境之间的过渡。

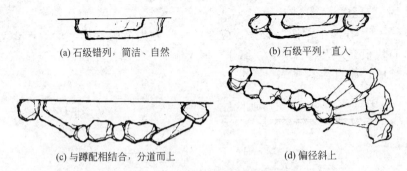

(a) 石级错列，简洁、自然　　　　　(b) 石级平列，直入

(c) 与蹲配相结合，分道而上　　　　(d) 偏径斜上

图 3-39　山石踏跺示意图

石材选择扁平状的，不一定都要求是长方形，间以各种角度的梯形甚至是不等边的三角形则会更富于自然的外观。每级在 10～30cm，有的还可以更高一些，每级的高度也不一定完全一样。由台明出来头一级可以与台基地面同高，体量也可稍大些，使人在下台阶前有个准备。所谓"如意踏跺"有令人称心如意的含义，同时两旁设有垂带。山石每一级都向下坡方向有 2% 的倾斜坡度以便排水。石级断面要上挑下收，防止人们上台阶时脚尖碰到石级上沿，术语称为不能有"兜脚"。用小块山石拼合的石级，拼缝要上下交错，以上石压下缝。

② 山石蹲配　蹲配是常和如意踏跺配合使用的一种置石方式。所谓"蹲配"，以体量大而高者为"蹲"，体量小而低者为"配"，如图 3-40 所示。实际上除了"蹲"以外，也可"立"、可"卧"，以求组合上的变化，但务必使蹲配在建筑轴线两旁有均衡的构图关系。从实用功能上来分析，它可兼备垂带和门口对置的石狮、石鼓之类装饰品的作用；从外形上，又不像垂带和石鼓那样呆板。它一方面作为石级两端支撑的梯形基座，也可以由踏跺本身层层叠上而用蹲配遮挡两端不易处理的侧面。在确保这些实用功能的前提下，蹲配在空间造型上则可利用山石的形态极尽自然变化。

山石踏跺有石级平列的，也有互相错列的；有径直而入的，也有偏径斜上的。当台基不高时，可以采用前坡式踏跺；当游人出入

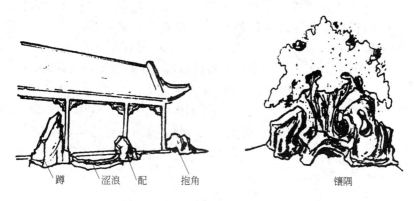

蹲　涩浪　配　抱角　　　　　　　镶隅

图 3-40　如意踏跺和蹲配、抱角、镶隅

量较大时，可采用分道而上的办法。

（3）置石工程的类别

在园林工程施工中，叠石置石工程按照山石工作量的多少、个体山石的大小、景点的性质不同情况，分为以下几种。

① 置石小品　景体比较小，用石块数不多的置石，一般称为

基座特置　　　自然特置　　　对置　　　　散置

山石器设　　　踏步　　　　　　　　镶隅袍角

花台　　　　　　孔门　　　　　山石植物

图 3-41　置石小品的几种形式

置石小品，即习惯上所指的特置、对置、散置、群置、山石器设、山石与园林建筑或植物相结合布置的石景小品，如图 3-41 所示。

② 山石水景　山石水景是指以山石为主要造景构筑材料，构成一定的静水或动水设施，营造成瀑布、潭池、溪流、泉水、涧与谷、汀步、岛屿、矶与壁、水岸，如图 3-42 所示。这类山石设施一般都附设在相应的基体构筑物上，除了具有一定的观赏效果外，还存在着相应的使用功能，为此，在施工中更应重视其强度、稳定性等质量要求。

图 3-42　山石水景

③ 假山叠石　假山叠石是指石包泥山之类的置石工程，采用山石局部或全表面叠石的方法，营造为具有山石泥土的山体，如图 3-43 所示。这种山体具有石料用料省、植物种植容易、建造费用较低的特点。假山叠石施工，必须有良好的土质山体，以确保山石叠体的稳定性。

图 3-43 假山叠石

园林挡墙工程

4.1 园林挡土墙

广义地讲，园林挡墙应包括园林内所有能够起阻挡作用的，以砖石、混凝土等实体性材料修筑的竖向工程构筑物。根据其所处位置和功能作用不同，园林挡墙又可分为挡土墙、驳岸和景墙等。由自然土体形成的陡坡超过所容许的极限坡度时，土体的稳定性就遭到了破坏，从而产生了滑坡和塌方，如若在土坡外侧修建人工的墙体便可维持稳定，这种在斜坡或一堆土方的底部起抵挡泥土崩散作用的工程结构体，称为挡土墙；在园林水体边缘与陆地交界处，为稳定岩壁、保护河岸不被冲刷或水淹所设置的与挡土墙类似的构筑物称为驳岸，或叫"浸水挡土墙"；在园林中为截留视线，丰富园林景观层次，或者作为背景，以便突出景物时所设置的挡墙称为景墙。

4.1.1 园林挡土墙的类型

园林挡土墙的类型包括重力式挡土墙、悬臂式挡土墙、扶垛式挡土墙、桩板式挡土墙、砌块式挡土墙，如图 4-1 所示。

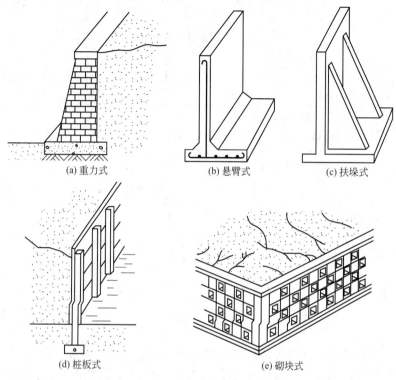

(a) 重力式　　　　　　(b) 悬臂式　　　　　(c) 扶垛式

(d) 桩板式　　　　　　　(e) 砌块式

图 4-1　各类挡土墙示意图

4.1.2　重力式挡土墙

重力式挡土墙依靠墙体自重取得稳定性，在构筑物的任何部分都不存在拉应力，砌筑材料大多为砖砌体、毛石和不加钢筋的混凝土，是园林中常用的方式。

（1）重力式挡土墙形式

重力式挡土墙按墙背倾斜情况可分为倾斜墙、垂直墙和俯斜墙三种，如图 4-2 所示。

（2）面坡与背坡

墙的面坡和背坡坡度均为 1∶0.25，如图 4-3 所示。

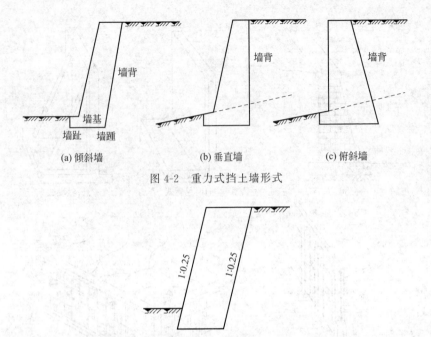

图 4-2　重力式挡土墙形式

(a) 倾斜墙　　　　　　(b) 垂直墙　　　　　　(c) 俯斜墙

图 4-3　墙的面坡和背坡坡度图

　　在墙前地面坡度较陡处，墙面坡可取 1∶(0.25～0.2)，也可采用直立截面。当墙前地形较平坦时，对于中、高挡土墙，墙面坡可用较缓坡度，但不宜缓于 1∶0.4，以免增高墙身或增加开挖宽度。仰斜墙墙背坡愈缓，则主动土压力愈小，但为了避免施工困难，墙背仰斜时其倾斜度一般不宜缓于 1∶0.25。面坡应尽量与背坡平行。

　　(3) 基底坡度

　　基底逆坡坡度为 $n∶1$，如图 4-4 所示。

　　在墙体稳定性验算中，倾覆稳定较易满足要求，而滑动稳定常不易满足要求。为了增加墙身的抗滑稳定性，将基底做成逆坡是一种有效的办法。土质地基的基底逆坡一般不宜大于 $0.1∶1(n∶1)$。岩石地基一般不宜大于 0.2∶1。由于基底倾斜，会使基底承载力减小，因此需将地基承载力特征值折减。当基底逆坡为 0.1∶1 时，

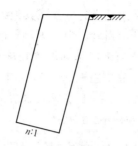

图 4-4　基底逆坡坡度示意图

折减系数为 0.9；当基底逆坡为 0.2∶1 时，折减系数为 0.8。

（4）墙趾尺寸

当墙身高度超过一定限度时，基底压应力往往是控制截面尺寸的重要因素。为了使基底压应力不超过地基承载力，可加墙趾台阶，以扩大基底宽度，这对挡土墙的抗倾覆和滑动稳定都是有利的。

墙趾高 h 和墙趾宽 a 的比例可取 $h∶a＝2∶1$，a 不得小于 200mm。墙趾台阶的夹角一般应保持直角或钝角，若为锐角时不宜小于 60°。此外，基底法向反力的偏心距必须满足 $e≤0.25b$（b 为无台阶时的基底宽度）。墙趾台阶尺寸如图 4-5 所示。

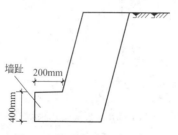

图 4-5　墙趾台阶尺寸示意图

（5）基础嵌入岩层

挡土墙的埋置深度（如基底倾斜，则按最浅的墙趾处计算），应根据持力层地基土的承载力、浆结因素确定。土质地基埋置深度一般不小于 0.25m。若基底土为软弱土层时，则按实际情况将基础尺寸加深加宽，或采用换土、桩基或其他人工地基等。如基底为岩石、大块碎石、砾砂、粗砂、中砂等，则挡土墙基础埋置深度与冻土层深度无关（一般挡土墙基础埋置在冻土层以下 0.25m 处）；若基底为风化岩层时，除应将其全部清除外，一般应加挖 0.15～0.25m；如基底为基岩，则挡土墙嵌入岩层的尺寸不应小于表 4-1 的规定。基础嵌入岩层如图 4-6 所示。

表 4-1　挡土墙基础嵌入岩层尺寸

基底岩层名称	嵌入岩层深度/m	嵌入岩层宽度/m
石灰岩、砂岩及玄武岩等	0.25	0.25～0.5
页岩、砂岩交互层等	0.60	0.6～1.5
松软岩石，如千枚岩等	1.0	1.0～2.0
砂夹砾石等	≥1.0	1.2～2.5

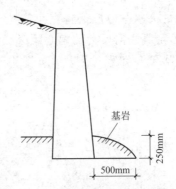

图 4-6　基础嵌入岩层示意图

(6) 排水明沟

在墙后土坡上设置了两道排水明沟，用以排水，如图 4-7 所示。

在地面设置一道或数道平行于挡土墙的明沟，利用明沟纵坡将降水和上坡地面径流排除，减少墙后地面渗水。必要时还要设纵、

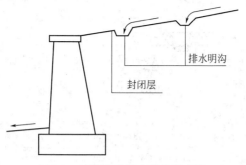

图 4-7 墙后土坡排水明沟示意图

横向盲沟，力求尽快排除地面水和地下水。

（7）排水盲沟和暗沟

墙背后排水盲沟和暗沟如图 4-8 所示。在墙体之后的填土之中，用乱毛石做排水盲沟，盲沟宽不小于 50cm。经盲沟截下的地下水，再经墙身的泄水孔排出墙外。泄水孔一般宽 20～40mm，高以一层砖石的高度为准，在墙面水平方向上每隔 2～4m 设一个，竖向上则每隔 1～2m 设一个。混凝土挡土墙可以用直径为 5～10cm 的圆孔或用毛竹竹筒作泄水孔。有的挡土墙由于美观上的要求，不允许墙面留泄水孔，则可以在墙背面刷防水砂浆或填一层厚度 50cm 以上的黏土隔水层，并在墙背面盲沟以下设置一道平行于墙体的排水暗沟。暗沟两侧及挡土墙基础上面用水泥砂浆抹面或做出沥青砂浆隔水层，做一层黏土隔水层也可以。墙后积水可以通过盲沟、暗沟再从沟端被引出墙外。

4.1.3 悬臂式挡土墙

悬臂式挡土墙的断面通常作 L 形或倒 T 形，墙体材料都用混凝土。墙高不超过 9m 时，都是经济的。3.5m 以下的低矮悬臂墙，可以用标准预制构件或者预制混凝土块加钢筋砌筑而成。根据设计要求，悬臂的脚可以向墙内一侧、墙外一侧或者墙的两侧伸出，构成墙体下的底板。如果墙的底板伸入墙内侧，便处于它所支承的土壤下面，也就利用了上面土壤的压力，使墙体自重增加，可更加稳

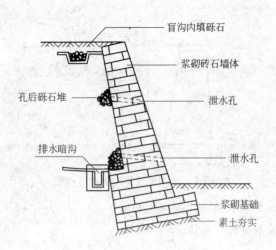

图 4-8　墙背排水盲沟和暗沟

固墙体。

（1）悬臂式挡土墙构造

悬臂式挡土墙由立壁、墙趾和墙踵组成，如图 4-9 所示。

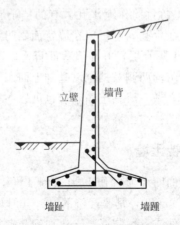

图 4-9　悬臂式挡土墙构造

这类挡土墙的稳定主要依靠墙踵悬臂板上的土和重量，而墙身拉应力由钢筋承担。因此，这类挡土墙的优点是能充分利用钢筋混凝土的受力性能，墙体的截面尺寸较小，可以承受较大的土压力，适用于重要工程中墙高大于 5m、地基土较差、当地缺乏石料等情况。

（2）悬臂式挡土墙形状

当现场地基土较差或缺少石料时，可采用钢筋混凝土悬臂式挡土墙，墙高可大于 5m，截面常设计成 L 形。

悬臂式挡土墙是将挡土墙设计成悬臂梁形式，$b/H_1 = \dfrac{1}{2} \sim \dfrac{2}{3}$，墙趾宽度 $b_1 \approx \dfrac{1}{3}b$。

墙身常做成上小下大的变截面，有时在墙身与底板连接处设置支托，也有将底板反过来设置的，但比较少见，如图 4-10 所示。

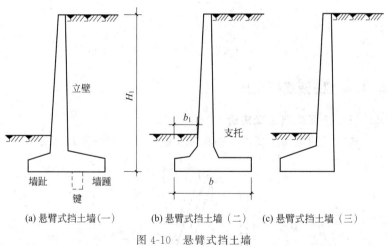

(a) 悬臂式挡土墙(一)　(b) 悬臂式挡土墙（二）　(c) 悬臂式挡土墙（三）

图 4-10　悬臂式挡土墙

（3）悬臂式挡土墙配筋

悬臂式挡土墙配筋如图 4-11 所示，该挡土墙基础宽为 1800mm，墙身高 3200mm，墙面活载为 4kPa，纵向配筋为 φ12，地面以上间距 250mm，地面以下间距为 125mm。横向配筋为 φ10，间距 300mm。

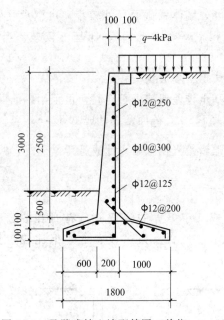

100 100

$q=4\text{kPa}$

Φ12@250

Φ10@300

Φ12@125

Φ12@200

3000

2500

500

100 100

600 200 1000

1800

图 4-11　悬臂式挡土墙配筋图（单位：mm）

4.1.4　扶壁式挡土墙

（1）扶壁式挡土墙构造

扶壁式挡土墙主要由墙面板和扶壁构成，如图 4-12 所示。

扶壁（肋）

墙面板

图 4-12　扶壁式挡土墙

当墙高大于 8m 时，墙后填土较高，若采用悬臂式挡土墙会导致墙身过厚而不经济。通常沿墙的长度方向每隔1/3～1/2墙高设一道扶壁以保持挡土墙的整体性，增强悬臂式挡土墙中立壁的抗弯性能。这种挡土墙称为扶壁式挡土墙。扶壁可以设在挡土墙的外侧，也可以设在内侧。当地基土质较软时，可采用钢筋混凝土扶壁式挡土墙。

（2）扶壁式挡土墙配筋

扶壁中有斜筋、水平筋和垂直筋三种配筋，如图4-13所示。

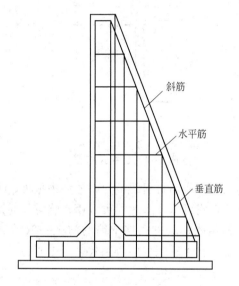

斜筋

水平筋

垂直筋

图4-13 扶壁式挡土墙配筋示意图

斜筋为悬臂T形梁的受拉钢筋，沿扶壁的斜边布置。水平筋作为悬臂T形梁的箍筋以承受肋中的主拉应力，保证肋（扶）壁的斜截面强度；同时，水平盘将扶壁和墙身（立壁）联系起来，以防止在侧压力作用下扶壁与墙身（立壁）的连接处被拉断。垂直筋承受着由于基础底板的局部弯曲作用在扶壁内产生的垂直方向上的拉力，并将扶壁和基础底板联系起来，以防止在竖向力作用下扶壁与基础底板的连接处被拉断。

4.1.5 桩板式挡土墙

预制钢筋混凝土桩，排成一行插入地面，桩后再横向插下钢筋混凝土栏板，栏板相互之间以企口相连接，这就构成了桩板式挡土墙。这种挡土墙的结构体积最小，也容易预制，而且施工方便，占地面积也较小。

桩板式挡土墙一般在桩顶或桩顶附近加一道锚定拉杆，板桩则打入土中，如图 4-14 所示。

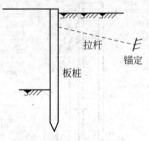

图 4-14　桩板式挡土墙

板桩式挡土墙按所用材料的不同，分为钢板桩、木板桩和钢筋混凝土板桩墙等。它可用作永久性也可用作临时性的挡土结构，是一种承受弯矩的结构。板桩式挡土墙的施工一般需要用打桩机打入，施工较复杂，在水利工程中应用较多，工业与民用建筑深基坑的开挖施工中也常应用。

4.2　驳岸工程

4.2.1　驳岸的分类与结构

驳岸是一面临水的挡土墙。其岸壁多为直墙，有明显的墙身。

（1）按形态特征分类

根据压顶材料的形态特征及应用方式，驳岸可分为规则式、自然式和混合式。

① 规则式驳岸：岸线平直或呈几何线形，用整形的砖、石料或混凝土块压顶的驳岸属规则式。

② 自然式驳岸：岸线曲折多变，压顶常用自然山石材料或仿生形式，如假山石驳岸、仿树桩驳岸等。

③ 混合式驳岸：水体的护岸方式根据周围环境特征和其他要求分段采用规则式或自然式，就整个水体而言则为混合式驳岸。某些大型水体，周围环境情况多变如地形的平坦或起伏、建筑的布局或风格的变化、空间性质的变化等，因此，不同地段可因地制宜选择相适宜的驳岸形式。

（2）按结构形式分类

根据结构形式，驳岸可分为重力式、后倾式、插板式、板桩式和混合圬工式等。

① 重力式驳岸：主要依靠墙身自重来确保岸壁的稳定，抵抗墙后土体的压力，如图 4-15（a）所示。墙身的主材可以是混凝土或块石或砖等。

② 后倾式驳岸：是重力式驳岸的特殊形式，墙身后顷，受力合理，经济节省，如图 4-15（b）所示。

③ 插板式驳岸：由钢筋混凝土制成的支墩和插板组成，如图 4-15（c）所示。其特点是体积小，造价低。

④ 板桩式驳岸：由板桩垂直打入土中，板边用企口嵌组而成。分自由式和锚着式两种，如图 4-15（d）所示。对于自由式，桩的入土深度一般取水深的 2 倍，锚着式可浅一些。这种形式的驳岸施工时无需排水、挖基槽，因此适用于现有水体岸壁的加固处理。

⑤ 混合圬工式驳岸：由两部分组成，下部采用重力式块石小驳岸或板桩，上部采用块石护坡等，如图 4-15（e）所示。

如果湖底有淤泥层或流沙层，为控制沉陷和防止不均匀沉陷，常采用桩基对驳岸基础进行加固。桩基的材料可以是混凝土或灰土或木材（柏木或杉木）等。

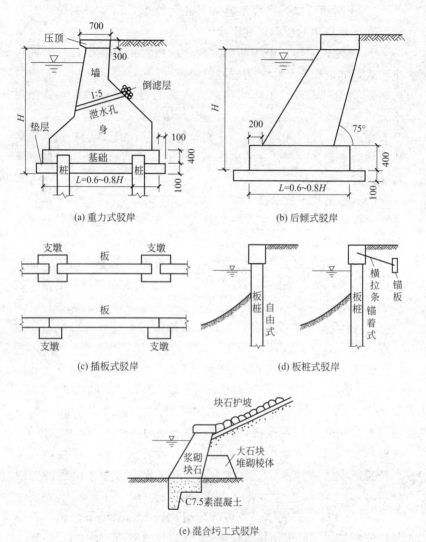

图 4-15　驳岸的结构形式（单位：mm）

(3) 按使用材料分类

就实际应用而言，最能反映驳岸造型要求和景观特点的是驳岸工程的墙身主材和压顶材料。

① 假山石驳岸：墙身常用毛石、砖或混凝土砌筑，一般隐于常水位以下，岸顶布置自然山石，是最具园林特点的驳岸类型，如图 4-16（a）所示。

② 卵石驳岸：常水位以上用大卵石堆砌或将较小的卵石贴于混凝土上，风格朴素自然，如图 4-16（b）所示。

③ 条石驳岸：岸墙以及压顶用整形花岗岩条石砌筑，坚固耐用、整洁大方，但造价较高，如图 4-16（c）所示。

④ 虎皮墙驳岸：墙身用毛石砌成虎皮墙形式，砂浆缝宽 2～3cm，可用凸缝、平缝或凹缝。压顶多用整形块料，如图 4-16（d）所示。

⑤ 竹桩驳岸：南方地区冬季气温较高，没有冻胀破坏，加上又盛产毛竹，因此可用毛竹建造驳岸。竹桩驳岸由竹桩和竹片笆组成，竹桩间距一般为 600mm，竹片笆纵向搭接长度不少于 300mm 且位于竹桩处，如图 4-16（e）所示。

⑥ 混凝土仿树桩驳岸：常水位以上用混凝土塑成仿松皮木桩等形式，别致而富韵味，观赏效果好，如图 4-16（f）所示。

实际上除竹桩驳岸外，大多数驳岸的墙身通常采用浆砌块石。对于这类砖、石驳岸，为了适应气温变化造成的热胀冷缩，其结构上应当设置伸缩缝。一般每隔 10～25m 设置一道，缝宽 20～30mm，内嵌木板条或沥青油毡等。

4.2.2 驳岸施工

(1) 砌石类驳岸施工技术

① 砌石驳岸结构：砌石驳岸结构是指在天然地基上直接砌筑的驳岸，特点是埋设深度不大，基址坚实稳固。如块石驳岸中的虎皮石驳岸、假山石驳岸、条石驳岸等。此类驳岸的选择应根据基址条件和水景景观要求而定，既可处理成规则式，也可做成自

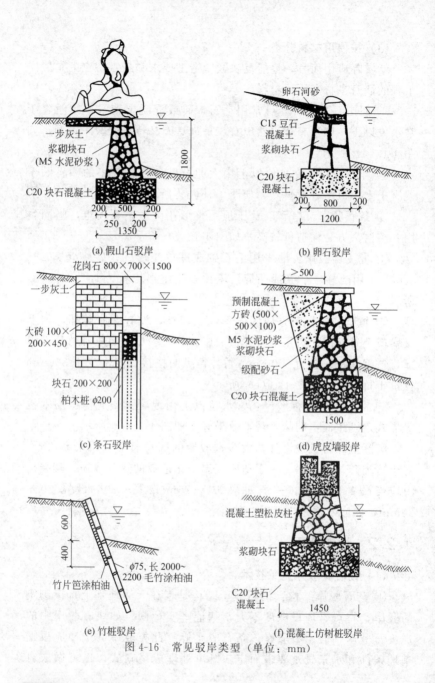

一步灰土
浆砌块石
(M5 水泥砂浆)

C20 块石混凝土

200 500 200
250 200
1350

(a) 假山石驳岸

卵石河砂

C15 豆石
混凝土

浆砌块石

C20 块石
混凝土

200 800 200
1200

(b) 卵石驳岸

花岗石 800×700×1500

一步灰土

大砖 100×
200×450

块石 200×200
柏木桩 φ200

(c) 条石驳岸

>500

预制混凝土
方砖 (500×
500×100)

M5 水泥砂浆
浆砌块石

级配砂石

C20 块石混凝土

1500

(d) 虎皮墙驳岸

600

400

φ75, 长 2000~
2200 毛竹涂柏油

竹片笆涂柏油

(e) 竹桩驳岸

混凝土塑松皮柱

浆砌块石

C20 块石
混凝土

1450

(f) 混凝土仿树桩驳岸

图 4-16 常见驳岸类型 (单位：mm)

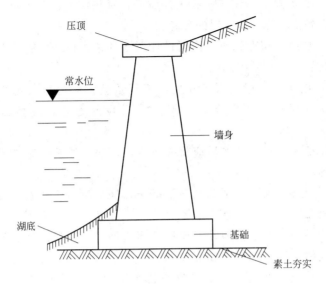

压顶

常水位

墙身

湖底

基础

素土夯实

图 4-17　砌石类驳岸常见结构

然式。

　　图 4-17 是砌石类驳岸的常见构造，它由基础、墙身和压顶三部分组成。基础是驳岸承重部分，并通过它将上部重量传给地基。因此，驳岸基础要求坚固，埋入湖底深度不得小于 50cm，基础宽度应视土壤情况而定，砂砾土 $0.35H \sim 0.4H$，砂壤土 $0.45H$，湿砂土 $0.5H \sim 0.6H$，饱和水壤土 $0.75H$（H 为驳岸高度）。墙身是基础与压顶之间部分，承受压力最大，包括垂直压力、水的水平压力及墙后土壤侧压力。为此，墙身应具有一定的厚度，墙体高度要以最高水位和水面浪高来确定，岸顶应以贴近水面为好，以便于游人亲近水面，并显得蓄水丰盈饱满。压顶为驳岸边最上部分，宽度 30～50cm，用混凝土或大块石做成。其作用是增强驳岸稳定，美化水岸线，阻止墙后土壤流失。

　　如果水体水位变化较大，即雨季水位很高，平时水位很低，为了岸线景观起见，可将岸壁迎水面做成台阶状，以适应水位的升降。

② 砌石类驳岸施工：施工前应进行现场调查，了解岸线地质及有关情况，作为施工时的参考。

a. 放线。布点放线应依据设计图上的常水位线，确定驳岸的平面位置，并在基础两侧各 20cm 放线。

b. 挖槽。一般由人工开挖，工程量较大时也可采用机械开挖。为了确保施工安全，对需要施工坡的地段，应根据规定放坡。

c. 夯实地基。开槽后应将地基夯实，遇土层软弱时需进行加固处理。

d. 浇筑基础。一般为块石混凝土，浇注时应将块石分隔，不得互相靠紧，也不得置于边缘。

e. 砌筑岸墙。浆砌块石岸墙墙面应平整、美观，要求砂浆饱满，勾缝严密。隔 25～30m 做伸缩缝，缝宽 3cm，可用板条、沥青、石棉绳、橡胶、止水带或塑料等防水材料填充。填充时应略低于砌石墙面，缝用水泥砂浆勾满。如果驳岸有高差变化，应做沉降缝，保证驳岸稳固，驳岸墙体应于水平方向 2～4m、竖直方向 1～2m 处预留泄水孔，口径为 120mm×120mm，便于排除墙后积水，保护墙体。也可在墙后设置暗沟、填置砂石排除积水。

f. 砌筑压顶。可采用预制混凝土板块压顶，也可采用大块方整石压顶。顶石应向水中至少挑出 5～6cm，并使顶面高出最高水位 50cm 为宜。

(2) 桩基类驳岸施工技术

① 桩基驳岸结构：桩基是我国古老的水工基础作法，在水利建设中得到广泛应用，直到现在仍是常用的一种水工地基处理手法。当地基表面为松土层且下层为坚实土层或基岩时最宜用桩基。其特点是：基岩或坚实土层位于松土层下，桩尖打下去，通过桩尖将上部荷载传给下面的基岩或坚实土层；如果桩打不到基岩，则利用摩擦桩，借木桩侧表面与泥土间的摩擦力将荷载传到周围的土层中，以达到控制沉陷的目的。

图 4-18 是桩基驳岸结构，它由桩基、卡当石、盖桩石、混凝土基础、墙身和压顶等几部分组成。卡当石是桩间填充的石块，起保持木桩稳定作用。盖桩石为桩顶浆砌的条石，作用是找平桩顶以便浇灌混凝土基础。基础以上部分与砌石类驳岸相同。

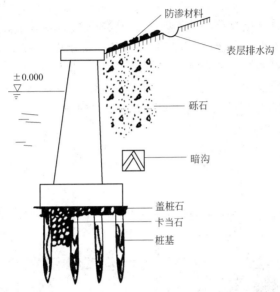

图 4-18　桩基驳岸结构

桩基的材料有木桩、石桩、灰土桩和混凝土桩、竹桩、板桩等。木桩要求耐腐、耐湿、坚固、无虫蛀，如柏木、松木、橡树、榆树、桑树、杉木等。桩木的规格取决于驳岸的要求和地基的土质情况，一般直径 10～15cm、长 1～2m，弯曲度（d/L）小于 1%，且只允许一次弯。桩木的排列一般布置成梅花桩、品字桩、马牙桩。梅花桩、品字桩的桩距约为桩径的 2～3 倍，即每平方米 5 个桩；马牙桩要求桩木排列紧凑，必要时可酌增排数。

灰土桩是先打孔后填灰土的桩基做法，常配合混凝土用，适于岸坡水淹频繁木桩易腐的地方，混凝土桩坚固耐久，但投资较大。

竹桩、板桩驳岸是另一种类型的桩基驳岸。驳岸打桩后，基础上部临水面墙身由竹篱（片）或板片镶嵌而成，适于临时性驳岸。竹篱驳岸造价低廉、取材容易，施工简单，工期短，能使用一定年限，凡盛产竹子，如毛竹、勤竹、大头竹、撑篙竹的地方都可采用。施工时，竹桩、竹篱要涂上一层柏油，目的是防腐。竹桩顶端由竹节处截断以免雨水积聚，竹片镶嵌直顺紧密牢固。

由于竹篱缝很难做得密实，这种驳岸不耐风浪冲击、淘刷和游船撞击，岸土很容易被风浪淘刷，导致岸篱分开，最终失去护岸功能。因此，此类驳岸适用于风浪小、岸壁要求不高、土壤较黏的临时性护岸地段。

② 桩基驳岸的施工：参见砌石类驳岸的施工。

4.3 景墙工程

景墙是园林中常见的小品，其形式不拘一格，功能因需而设，材料丰富多样。除了人们常见的园林中作障景、漏景以及背景的景

图 4-19 独立景墙

墙外，很多城市更是把景墙作为城市文化建设、改善市容市貌的重要方式。而"文化墙"这一概念更是把景墙在城市文化建设中的特殊作用做了概念性总结。

景墙既要美观，又要坚固耐久。常用材料有砖、混凝土、花格围墙、石墙、铁花格围墙等。景观常将这些墙巧妙地组合与变化，并结合树、石、建筑、花木等其他因素，以及墙上的漏窗、门洞的巧妙处理，形成空间有序、富有层次、虚实相间、明暗变化的静观效果。

（1）景墙的形式

① 独立景墙：以一面墙独立安放在景区中，成为视觉焦点，如图 4-19 所示。

② 连续景墙：以一面墙为基本单位，联系排列组合，使景墙形成一定的序列感、连续感，如图 4-20 所示。

图 4-20　连续景墙

③ 生态景墙：将藤蔓植物进行合理种植，利用植物的抗污染、杀菌、降温、隔菌等功能，形成既有生态效益，又有景观效果的绿

色景墙，如图 4-21 所示。

图 4-21　生态景墙

（2）景墙功能

园内划分空间、组织景色、安排导游而布置的围墙，能够烘托文化氛围，兼有美观、隔断、通透的作用的景观墙体。一面景墙的设计，首先得考虑它的功能、主题、形式，然后再根据周围的环境特点进行具体的设计。景墙不仅在于营造公园内的景点，而且是在改善市容市貌及城市文化建设的重要手段。园墙在园林中起划分内外范围、分隔内部空间和遮挡劣景的作用。精巧的园墙还可装饰园景，是园林空间构图的一个重要因素。

① 构成景观：景墙以其自身优美的造型，变化丰富的组合形式，具有很强的景观性，是园林空间不可缺少的。

景墙以其自身优美的造型、变化丰富的组合形式，具有很强的景观性。同时，由于为了避免过分闭塞，会在墙体上开设形态各异、造型优美的漏窗和洞门，使墙面更加丰富多彩是园林空间不可缺少的景观因素。

② 引导游览：在园林中经常巧妙地利用景墙将园林空间划分

为许多的小单元，利用景墙的延续性和方向性，引导观赏者沿着景墙的走向有秩序地观赏园内不同空间的景观。

③ 分隔和组织内部空间：园林空间层次分明、变化丰富，各种形式的景墙穿插其中，既能分隔空间，又能围合空间。在园林环境中，有各种不同使用功能的园林空间，它们往往需要被分开使用，这时就需要利用景墙或隔断将园林空间进行合理、有效的分隔。

（3）设计的基本要素

景墙在景观中起到点缀环境的作用，常放在需要点景的地方。因此在园林空间中不需要设景墙的地方，尽量不设，更多地设置绿化景观，让人更接近自然。

利用基地的自身条件达到分隔组织空间的目的时，尽量利用地面高差，水体的两侧、绿篱树丛，达到隔而不分，灵活组织空间的目的。景墙的设计要美观，具有形式感。墙面的处理不能太呆板，要善于把空间的分隔与景色的渗透联系统一起来，有而似无，有而生情。只有在少量需要掩饰的地方，才用封闭的景墙。

（4）景墙施工

① 施工准备

a. 熟悉并审查施工图纸和相关资料。

b. 做好施工物质准备，包括土建材料准备、构件和制品加工准备、园林施工机具准备。

c. 施工前对各单位进行资质审查。施工项目管理人员应是有实际工作的专业人员；有能进行现场施工指导的专业技术人员；各种工种应有熟练的技术工人，并应在进场前进行有关的入场准备。

d. 按照平面图要求，进行施工现场的控制网测量。

e. 做好"四通一清"，确保现场水通、电通、道路通畅、通信通畅和场地清理。

f. 做好材料采购、加工和订购，以及施工机具租赁。

g. 安装调试施工机具和组织材料进场。

h. 制定好施工准备的工作计划以更好落实各项施工准备。

② 施工工艺流程：定点放线→开挖基槽，并夯实→铺垫层，浇筑 C15 基础→下预埋件→透水路缘安装，白色卵石填充→L50×5 角铁安装→耐候板整体安装

③ 主要施工方法

a. 定点放线：按照场内景墙平面位置测量放出基准点。按照网格图放置 100mm×100mm 网格控制线。根据图纸尺寸放线景墙位置尺寸。

b. 开挖基槽与土方开挖：因开挖面积较小，土方采用人工开挖。开挖同时进行余土清理，并严格按照设计夯实度要求进行整平夯实。

c. 基坑回填：回填前，必须对管线埋设彻底检查并验收后，方可回填土。

d. 景墙基础施工：按照要求开挖基槽及夯实后进行 C15 混凝土浇筑，基础支护采用木模一次支护成型。严格控制原材料质量，主要是砂石料的级配，含泥量及水泥质量，严格控制坍落度在10～12cm 之间，确保混凝土浇捣质量。混凝土浇筑完进行预埋件安装加固，加固过程中应保证预埋的垂直度、平整度偏差均不大于3mm，水平标高偏差不大于 10mm，预埋件与设计偏差不大于20mm，预埋件尺寸位置符合设计要求。

e. 景墙墙身施工：景墙墙身为耐候板整体造型，该造型需要向厂家定制进行安装，产品严格安装设计要求，保证质量，并且安装要求高，误差在 10mm 以内。角钢焊接前应对有变形的角钢进行矫正，矫正后的钢材表面不应有明显的凹面或损伤，划痕深度不得大于 0.5mm。焊接按要求满焊。施焊前，焊工应检查焊件部位的组装和表面清理质量，如不符合要求，应修磨补焊合格后方可施焊。

(5) 景墙在园林中的应用

景墙虽属园林中的小型艺术装饰品，但其影响之深、作用之

大、感受之浓的确胜过其他景物。一个个设计精巧、文化气息浓厚的园林景墙，对提高游人的生活情趣和美化环境起着重要的作用，成为广大游人所喜闻乐见的点睛之笔。园林景墙在园林中的应用大致包括以下三个方面：

① 用于组景：园林景墙在园林空间中，除具有自身的使用功能外，更重要的作用是把外界的景色组织起来，在园林空间中形成无形的纽带，引导人们由一个空间进入另一个空间，起着导向和组织空间画面的构图作用；能在各个不同角度都构成完美的景色，具有诗情画意。景墙还起着分隔空间与联系空间的作用，使步移景异的空间增添了变化和明确的标志。流水墙使游人视线受阻，从而分隔和组织空间。

② 应用于视觉观赏：园林景墙作为艺术品，它本身具有审美价值，由于其色彩、质感、肌理、尺度、造型的特点，加之成功的布置，本身就是园林环境中的一景。由此可见，运用景墙的装饰性能够提高其他园林要素的观赏价值，满足人们的审美要求，给人以艺术的享受和美感。

③ 用于渲染气氛：园林景墙除具应用于组景，观赏外，还把配景，如花草、桌凳、地坪、踏步、假山石、流水等功能作用比较明显的小品予以艺术化、景致化。一组休息的坐凳或一块标示牌，如果设计新颖、处理得宜，做成富有一定艺术情趣的形式，会给人留下深刻的印象，使园林环境更具感染力。

因此，对于园林建筑景墙要精心进行足够的设计构思和美妙的艺术创意，才能标新立异，在整个园林设计中起到画龙点睛的作用。

4.4 园林挡墙景观工程施工

园林挡墙景观工程施工如图 4-22～图 4-25 所示。

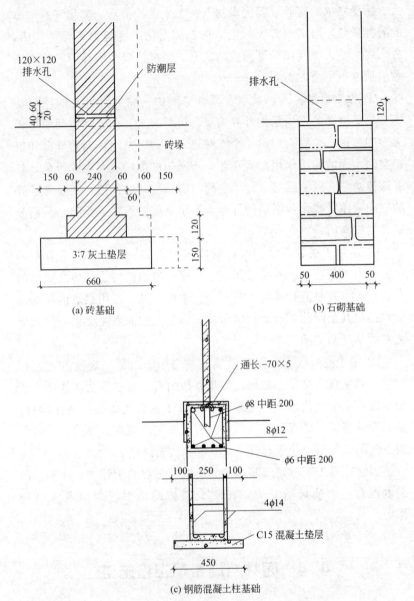

图 4-22 园林挡墙基础施工（单位：mm）

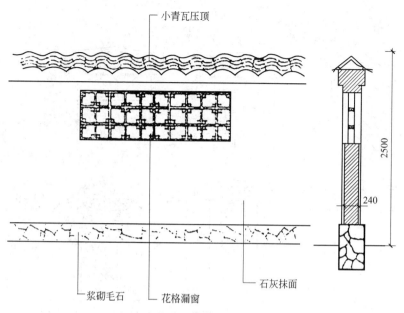

图 4-23　砖围墙构造（单位：mm）

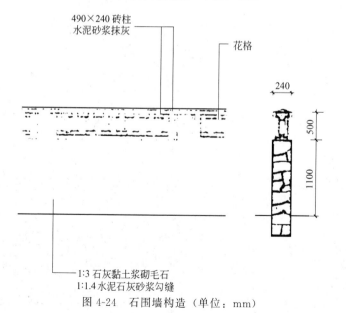

图 4-24　石围墙构造（单位：mm）

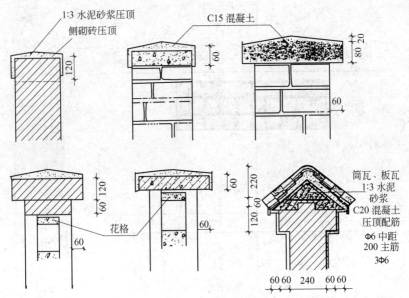

图 4-25　园墙压顶（单位：mm）

5 园林砌筑工程

5.1 常用砌筑材料

5.1.1 烧结普通砖

烧结普通砖是以黏土、煤矸石、页岩、粉煤灰为主要原料经成型、焙烧而成的（简称砖），如图 5-1 所示。

图 5-1 烧结普通砖

（1）分类

① 类别　按主要原料分为黏土砖（N）、页岩砖（Y）、煤矸石砖（M）和粉煤灰砖（F）。

② 等级

a. 根据抗压强度分为 MU30、MU25、MU20、MU15、MU10 五个强度等级。

b. 强度、抗风化性能和放射性物质合格的砖，根据尺寸偏差、外观质量、泛霜和石灰爆裂分为优等品（A）、一等品（B）、合格品（C）三个质量等级。

优等品适用于清水墙和装饰墙，一等品、合格品可用于混水墙。中等泛霜的砖不能用于潮湿部位。

③ 规格　砖的外形为直角六面体，其公称尺寸为：长240mm、宽 115mm、高 53mm。

(2) 要求

① 尺寸允许偏差应符合表 5-1 规定。

表 5-1　尺寸允许偏差　　　　　　　　单位：mm

公称尺寸	优等品		一等品		合格品	
	样本平均偏差	样本极差小于等于	样品平均偏差	样本极差小于等于	本平均偏差	样本极差小于等于
240	±2.0	6	±2.5	7	±3.0	8
115	±1.5	5	±2.0	6	±2.5	7
53	±1.5	4	±1.6	5	±2.0	6

② 外观质量应符合表 5-2 的规定。

表 5-2　外观质量　　　　　　　　单位：mm

项目		优等品	一等品	合格品
两条面高度差 ≤		2	3	4
弯曲 ≤		2	3	4
杂质凸出高度 ≤		2	3	4
缺棱掉角的三个破坏尺寸，不得同时大于		5	20	20
裂纹长度	①大面上宽度方向及其延伸至条面的长度 ≤	30	60	80
	②大面上长度方向及其延伸至顶面的长度或条顶面上水平裂纹的长度 ≤	50	80	100

项目	优等品	一等品	合格品
完整面,不得少于	二条面和 二顶面	一条面和 二顶面	—
颜色	基本一致	—	—

注:1. 为装饰而施加的色差、凹凸纹、拉毛、压花等不算作缺陷。

2. 凡有下列缺陷之一者,不得称为完整面:

① 缺损在条面或顶面上造成的破坏面尺寸同时大于 10mm×10mm。

② 条面或顶面上裂纹宽度大于 1mm,其长度超过 30mm。

③ 压陷、粘底、焦花在条面或顶面上的凹陷或凸出超过 2mm,区域尺寸同时大于 10mm×10mm。

5.1.2 蒸压灰砂砖

蒸压灰砂砖是以石灰和砂为主要原料,允许掺入颜料和外加剂,经坯料制备、压制成型及蒸压养护而成的实心砖,如图 5-2 所示。

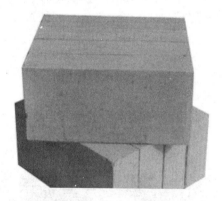

图 5-2 蒸压灰砂砖

(1) 规格

砖的外形为直角六面体。公称尺寸为:长度 240mm,宽度 115mm,高度 53mm。生产其他规格尺寸产品,由用户与生产厂协商来确定。

（2）技术要求

尺寸偏差和外观应符合表 5-3 的规定。

表 5-3　尺寸偏差和外观

项目				指标		
				优等品	一等品	合格品
尺寸允许偏差/mm	长度	L		±2	±2	±3
	宽度	B		±2		
	高度	H		±1		
缺棱掉角	个数/个		≤	1	1	2
	最大尺寸/mm		≤	10	15	20
	最小尺寸/mm		≤	5	10	10
对应高度差/mm			≤	1	2	3
裂纹	条数/条		≤	1	1	2
	大面上宽度方向及其延伸到条面的长度/mm		≤	20	50	70
	大面上长度方向及其延伸到顶面上的长度或条、顶面水平裂纹的长度/mm		≤	30	70	100

图 5-3　蒸压粉煤灰砖

5.1.3 蒸压粉煤灰砖

蒸压粉煤灰砖是以粉煤灰、生石灰为主要原料，可掺加适量石膏等外加剂和其他集料，经坯料制备、压制成型、高压蒸汽养护而制成的砖，如图 5-3 所示。

(1) 规格

砖的外形为直角六面体。公称尺寸为：长度 240mm、宽度 115mm、高度 53mm。其他规格尺寸由供需双方协商后确定。

(2) 技术要求

外观质量和尺寸偏差应符合表 5-4 的规定。

表 5-4 外观质量和尺寸偏差

项目名称			技术指标
外观质量	缺棱掉角	个数/个	≤2
		三个方向投影尺寸的最大值/mm	≤15
	裂纹	裂纹延伸的投影尺寸累计/mm	≤20
	层裂		不允许
尺寸偏差	长度/mm		+2 −1
	宽度/mm		±2
	高度/mm		+2 −1

5.1.4 炉渣砖

以煤燃烧后的残渣为主要原料，加入一定数量的石灰和石膏，加水搅拌后压制成型，经蒸汽养护而成的产品，即为炉渣砖。每立方米质量约 1650kg。

(1) 规格

砖的公称尺寸为：长度 240mm，宽度 115mm，高度 53mm。其他规格尺寸由供需双方协商确定。

(2) 技术要求

① 尺寸允许偏差应符合表 5-5 的规定。

表 5-5　尺寸允许偏差　　　　单位：mm

项目名称	合格品
长度	±2.0
宽度	±2.0
高度	±2.0

② 外观质量应符合表 5-6 的规定。

表 5-6　外观质量

项目名称		合格品
弯曲		不大于 2.0
缺棱掉角	个数/个	≤1
	三个方向投影尺寸的最小值	≤10mm
完整面		不少于一条面和一顶面
裂缝长度 ①大面上宽度方向及其延伸到条面的长度 ②大面上长度方向及其延伸到顶面上的长度或条、顶面水平裂纹的长度		≤30mm ≤50mm
层裂		不允许
颜色		基本一致

5.1.5　普通混凝土小型砌块

普通混凝土小型砌块是以水泥、矿物掺合料、砂、石、水等为原材料，经搅拌、振动成型、养护等工艺制成的小型砌块，如图5-4 所示，包括空心砌块和实心砌块。

图 5-4　普通混凝土小型砌块

（1）规格、种类

① 规格　砌块的外形宜为直角六面体，常用块型的规格尺寸见表 5-7。

表 5-7　普通混凝土砌块的规格尺寸　　　单位：mm

长度	宽度	高度
390	90、120、140、190、240、290	90、140、190

注：其他规格尺寸可由供需双方协商确定。采用薄灰缝砌筑的块型，相关尺寸可作相应调整。

② 种类

a. 砌块按空心率分为空心砌块（空心率不小于 25%，代号：H）和实心砌块（空心率小于 25%，代号：S）。

b. 砌块按使用时砌筑墙体的结构和受力情况，分为承重结构用砌块（代号：L，简称承重砌块）、非承重结构用砌块（代号：N，简称非承重砌块）。

c. 常用的辅助砌块代号分别为：半块——50，七分头块——70，圈梁块——U，清扫孔块——W。

（2）技术要求

① 砌块的尺寸允许偏差应符合表 5-8 的规定。对于薄灰缝砌

块，其高度允许偏差应控制在＋1mm、－2mm。

表 5-8　普通混凝土砌块的尺寸允许偏差　　单位：mm

项目名称	技术指标
长度	±2
宽度	±2
高度	+3，-2

注：免浆砌块的尺寸允许偏差，应由企业根据块型特点自行给出，尺寸偏差不应影响垒砌和墙片性能。

② 砌块的外观质量应符合表 5-9 的规定。

表 5-9　普通混凝土砌块的外观质量

项目名称			技术指标
弯曲		≤	2mm
缺棱掉角	个数	≤	1个
	三个方向投影尺寸的最大值	≤	20mm
裂纹延伸的投影尺寸累计		≤	30mm

5.1.6　蒸压加气混凝土砌块

蒸压加气混凝土砌块（简称砌块），如图 5-5 所示，适于作民用与工业建筑物墙体和绝热使用。

(1) 规格

砌块的规格尺寸见表 5-10。

表 5-10　蒸压加气混凝土砌块的规格尺寸

长度 L/mm	宽度 B/mm			高度 H/mm			
600	100　120　125 150　180　200 240　250　300			200	240	250	300

注：如需要其他规格，可由供需双方协商解决。

(2) 要求

砌块的尺寸允许偏差和外观质量应符合表 5-11 的规定。

图 5-5　蒸压加气混凝土砌块

表 5-11　蒸压加气混凝土砌块的尺寸允许偏差和外观质量

项目			指标	
			优等品（A）	合格品（B）
尺寸允许偏差/mm	长度	L	±3	±4
	宽度	B	±1	±2
	高度	H	±1	±2
缺棱掉角	最小尺寸/mm	≤	0	30
	最大尺寸/mm	≤	0	70
	大于以上尺寸的缺棱掉角个数/个	≤	0	2
裂纹长度	贯穿一棱二面的裂纹长度不得大于裂纹所在面的裂纹方向尺寸总和的		0	1/3
	任一面上的裂纹长度不得大于裂纹方向尺寸的		0	1/2
	大于以上尺寸的裂纹条数/条	≤	0	2
爆裂、粘模和损坏深度/mm		≤	10	30
平面弯曲			不允许	
表面疏松、层裂			不允许	
表面油污			不允许	

5.1.7 砌体结构用石

石砌体所用的石材应质地坚实，无风化剥落和裂纹。用于清水墙、柱表面的石材，尚应色泽均匀。

砌筑用石有毛石和料石两类。

(1) 毛石

毛石分为乱毛石和平毛石两种。

乱毛石是指形状不规则的石块；平毛石是指形状不规则，但有2个子面大致平行的石块。毛石应呈块状，其中部厚度不宜小于150mm，如图5-6所示。

(a) 实物图

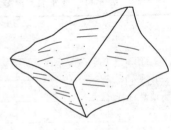
(b) 外形图

图5-6　毛石

毛石的强度等级分为 MU100、MU80、MU60、MU50、MU40、MU30 和 MU20。其强度等级是以 70mm 边长的立方体试块的抗压强度表示（取 3 块试块的平均值）。

(2) 料石

料石也称条石，是由人工或机械开拆出的较规则的六面体石块，用来砌筑建筑物用的石料。按其加工后的外形规则程度可分为毛料石、粗料石（图5-7）、半细料石和细料石（图5-8）四种。按形状可分为条石（图5-9）、方石（图5-10）及拱石。

料石各面的加工要求，应符合表5-12的规定。

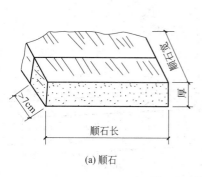

(a) 顺石

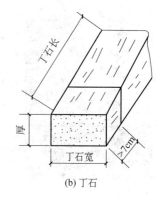

(b) 丁石

图 5-7　粗料石外形

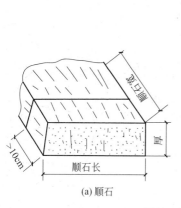

(a) 顺石

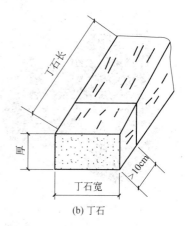

(b) 丁石

图 5-8　细料石外形

表 5-12　料石各面的加工要求

料石种类	外露面及相接周边的表面凹入深度	叠砌面和接砌面的表面凹入深度
细料石	≤2mm	≤10mm
粗料石	≤20mm	≤20mm
毛料石	稍加修整	≤25mm

注：相接周边的表面是指叠砌面、接砌面与外露面相接处 20～30mm 范围内的部分。

(a) 实物图

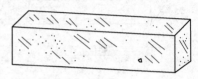

(b) 外形图

图 5-9　条石

(a) 实物图

(b) 外形图

图 5-10　方石

料石加工的允许偏差应符合表 5-13 的规定。

表 5-13　料石加工的允许偏差　　　　单位：mm

料石种类	加工允许偏差	
	宽度、厚度	长度
细料石	±3	±5
粗料石	±5	±7
毛料石	±10	±15

注：如设计有特殊要求，应按设计要求加工。

料石的宽度、厚度均不宜小于 200mm，长度不宜大于厚度的 4 倍。

石材的强度等级：MU100、MU80、MU60、MU50、MU40、MU30 和 MU20。

5.1.8 砌筑砂浆

砂浆是砖混结构墙体材料中块体的胶结材料。墙体是砖块、石块、砌块通过砂浆的黏结形成一个整体的。它起到填充块体之间的缝隙，防风、防雨渗透到室内；同时又起到块体之间的铺垫，把上部传下来的荷载均匀地传到下面去的作用；还可以阻止块体的滑动。砂浆应具备一定的强度、黏结力和流动性、稠度。

（1）砂浆的种类

砂浆用在墙体砌筑中，按所用配合材料不同而分为水泥砂浆、混合砂浆、石灰砂浆、防水砂浆、勾缝砂浆等。砂浆的种类见表 5-14。

表 5-14　砂浆的种类

种类	内容
水泥砂浆	它是由水泥和砂子按一定重量的比例配制搅拌而成的。主要用在受湿度大的墙体、基础等部位
混合砂浆	它是由水泥、石灰膏、砂子（有的加少量微沫剂节省石灰膏）等按一定的重量比例配制搅拌而成的。它主要用于地面以上墙体的砌筑
石灰砂浆	它是由石灰膏和砂子按一定比例搅拌而成的。它强度较低，一般只有 0.5MPa 左右。但作为临时性建筑，半永久建筑仍可作砌筑墙体使用
防水砂浆	它是在 1：3（体积比）水泥砂浆中，掺入水泥重量 3%～5% 的防水粉或防水剂搅拌而成的。它在房屋上主要用于防潮层、化粪池内外抹灰等
勾缝砂浆	它是水泥和细砂以 1：1（体积比）拌制而成的。主要用在清水墙面的勾缝

（2）砂浆的技术要求

① 作为砌体的胶结材料除了强度要求外，为了达到黏结度好、砌体密实还有一些技术上的要求。应做到的要求见表 5-15。

表 5-15 砂浆的技术要求

控制项目	技术要求
流动性(也称为稠度)	足够的流动性是指砂浆的稀稠程度。试验室中用稠度计来测定,目的是便于操作。流动性与砂浆的加水量、水泥用量、石灰膏掺量及砂子的粒径、形状、孔隙率和砂浆的搅拌时间有关。对砂浆流动度的要求,可以因砌体种类、施工时大气的温度、湿度等的不同而变化。具体参照表 5-16 选用
保水性	砂浆的保水性是指砂浆从搅拌机出料后到使用时这段时间内,砂浆中的水和胶结料、集料之间分离的快慢程度。分离快的使水浮到上面则保水性差,分离慢的砂浆仍很黏糊,则保水性较好。保水性与砂浆的组分配合、砂子的颗粒粗细程度、密实度等有关。一般说来,石灰砂浆保水性较好,混合砂浆次之,水泥砂浆较差些。此外,远距离运输也容易引起砂浆的离析
搅拌时间	搅拌时间要充分,砂浆应采用机械拌和,拌和时间应自投料完算起,不得少于 2min。搅拌前必须进行计量。在搅拌机棚中应悬挂配合比牌
搅拌完至砌筑时间	现场拌制的砂浆应随拌随用,拌制的砂浆应在 3h 内使用完毕;当施工期间最高气温超过 30℃ 时,应在 2h 内使用完毕。一定要做到随拌随用,在规定时间内用完,使砂浆的实际强度不受影响
试块的制作	砂浆试块的制作,在砌筑施工中,根据规范要求,每一楼层或 250m³ 砌体中的各种强度的砂浆,每台搅拌机应至少检查一次,每次至少应制作一组(6 块)试块。如砂浆强度或配合比变更时,还应制作试块。并送标准养护室进行龄期为 28 天的标准养护。后经试压的结果是作为检验砌体砂浆强度的依据
其他	施工中不得任意用同强度的水泥砂浆去代替水泥混合砂浆砌筑墙体。如由于某些原因需要替代时,应经设计部门的结构工程师同意签字

表 5-16 砌筑砂浆的稠度

砌体种类	砂浆稠度/mm
烧结普通砖砌体 蒸压粉煤灰砖砌体	70～90
混凝土实心砖、混凝土多孔砖砌体 普通混凝土小型空心砌块砌体 蒸压灰砂砖砌体	50～70
烧结多孔砖、空心砖砌体 轻骨料小型空心砌块砌体 蒸压加气混凝土砌块砌体	60～80
石砌体	30～50

② 水泥砂浆拌合物的密度不宜小于 1900kg/m³；水泥混合砂浆拌合物和预拌砌筑砂浆拌合物的密度不宜小于 1800kg/m³。

③ 砌筑砂浆的分层度不得大于 30mm。

④ 具有冻融循环次数要求的砌筑砂浆，经冻融试验后，质量损失率不得大于 5%，抗压强度损失率不得大于 25%。

5.2 砌筑施工常用工具和设备

（1）常用工具的种类和名称

① 瓦刀 瓦刀又叫泥刀、砌刀，是个人使用及保管的工具。瓦刀分为片刀和条刀两种，用于涂抹、摊铺砂浆、砍削砖块、打灰条及发碴，如图 5-11 所示。

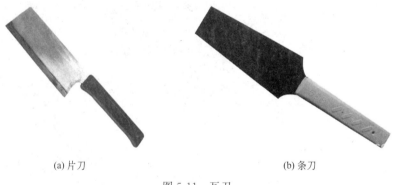

(a) 片刀　　　　　　　　　　　　　　　(b) 条刀

图 5-11　瓦刀

② 大铲 大铲是用于铲灰、铺灰和刮浆的工具，也可以在操作中用它随时调和砂浆。大铲多为桃形，也有长三角形和长方形和鸳鸯形。大铲是实施"三一"（一铲灰、一块砖、一揉挤）砌筑法的关键工具，如图 5-12、图 5-13 所示。

③ 灰板 灰板又叫托灰板，在勾缝时常用其承托砂浆。灰板应用不易变形的木材制成，如图 5-14 所示。

④ 摊灰尺 摊灰尺用于控制灰缝及摊铺砂浆。摊灰尺常用不

(a) 桃形大铲

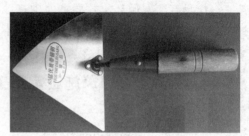

(b) 长三角形大铲

(c) 长方形大铲

图 5-12　大铲

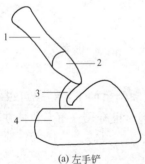

(a) 左手铲

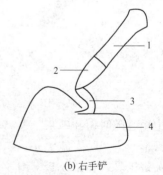

(b) 右手铲

图 5-13　鸳鸯大铲

1—铲把；2—铲箍；3—铲程；4—铲板

图 5-14　灰板

易变形的木材制成，如图 5-15 所示。

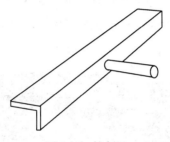

图 5-15　摊灰尺

⑤ 溜子　又称为灰匙、勾缝刀，一般以 Φ8 钢筋打扁制成，并装上木柄，通常用于清水墙勾缝。而用 $0.5 \sim 1mm$ 厚的薄钢板制成的较宽的溜子，则用于毛石墙的勾缝，如图 5-16 所示。

图 5-16　溜子

⑥ 抿子　抿子用于石墙抹缝、勾缝。多用 0.8～1mm 厚钢板制成，并装上木柄，如图 5-17 所示。

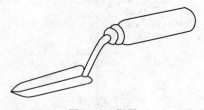

图 5-17　抿子

⑦ 刨锛　刨锛用以打砍砖块的工具，也可当作小锤，与大铲配合使用。为了便于打"七分头"（3/4 砖），有的操作者在刨锛手柄上刻一凹槽线作为记号，使凹口到刨锛刃口的距离为 3/4 砖长，形状如图 5-18 所示。

图 5-18　刨锛

⑧ 钢凿　钢凿又叫錾子，可用 45 号或 60 号钢锻造。一般直径为 20～28mm，长为 150～250mm。与手锤配合使用，用于开凿石料、异型砖等。其端部有尖头和扁头两种，如图 5-19 所示。

⑨ 手锤　手锤俗称小榔头。用于敲凿石料和开凿异型砖，如图 5-20 所示。

（2）备料工具

① 砖夹　砖夹是施工单位自制的夹砖工具。可用φ16 钢筋锻造，一次可以夹起 4 块标准砖，以方便装卸砖块，如图 5-21 所示。

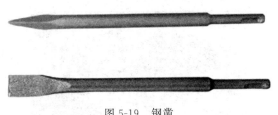

图 5-19 钢凿

图 5-20 手锤

图 5-21 砖夹

　　② 砖笼 砖笼是塔吊施工时吊运砖块的工具。施工时，在底板上先码好一定数量的砖，然后将砖笼套上并固定，再起吊到指定地点。如此周转使用。砖笼的形状如图 5-22 所示。

　　③ 筛子 筛子用于筛砂。常用筛孔尺寸有 4mm、6mm、8mm 等几种，筛子类型有手筛、立筛、小方筛三种，立筛如图 5-23 所示。

　　④ 手推车 手推车容量约 0.12m³，轮轴总宽度应小于900mm，以便于通过室内门洞口。用于运输砂浆、砖和其他散装材料，如图 5-24 所示。

　　⑤ 灰槽 灰槽用 1～2mm 厚的黑铁皮制成，供砖瓦工存放砂

图 5-22　砖笼

图 5-23　立筛

浆用。灰槽如图 5-25 所示。

⑥ 料斗　料斗是在塔吊施工时，用来垂直运输砂浆的工具，如图 5-26 所示。

⑦ 锹、铲等工具　人工拌制砂浆用的各类锹、铲等工具，如图 5-27～图 5-32 所示。

图 5-24　手推车

图 5-25　灰槽

图 5-26　料斗

图 5-27　铁锹

图 5-28　灰镐

(3) 检测工具

① 钢卷尺　用于测量墙体尺寸和构配件的尺寸等，通常有 1m、2m、3m、5m、20m、30m、50m 等规格，如图 5-33 所示。

② 托线板和线坠、靠尺　托线板和线坠用于检查墙面的垂直度，托线板一般规格为 15mm×120mm×1500mm，板中间有一条标准墨线，如图 5-34 所示。

靠尺用于检查墙体与构件的平整度，常用规格为 2～4m 长，可用铝合金或硬质木材等材料制成，如图 5-35 所示。

图 5-29　灰叉子　　　　　　图 5-30　灰耙子

图 5-31　灰勺

图 5-32　钢丝刷

图 5-33　钢卷尺

③ 塞尺与水平尺　塞尺的外形如图 5-36 所示，它与靠尺要配合使用，可检查测定墙、柱平整度的数值偏差，尺上的每一格表示

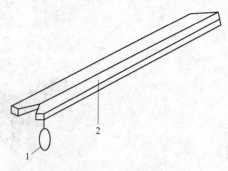

图 5-34　托线板

1—线锤；2—靠尺板

图 5-35　靠尺

厚度方向 1mm。水平尺用铁或铝合金材料制成，中间镶有玻璃水准管，用以检查砌体水平位置的偏差，如图 5-37 所示。

④ 方尺、准线及百格网　方尺用木材或铝合金材料制作，为长 200mm 的直角尺，方尺分为阴角和阳角两种，用于检查砌体转角和砖柱四角的方正程度，如图 5-38 所示。准线是砌墙时拉的细线，用于检测墙体水平灰缝的平直度。百格网用于检查砖墙灰缝砂浆的饱满程度，其总面积为 240mm×115mm，长、宽方向各切分为 10 格，共有 100 个格子，一般用铁丝编制焊锡制成，也可以在有机玻璃上画格制成，如图 5-39 所示。

图 5-36 塞尺

图 5-37 水平尺

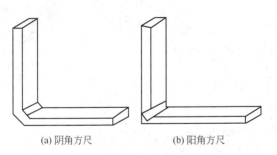

(a) 阴角方尺　　　　　　　　(b) 阳角方尺

图 5-38 方尺

⑤ 龙门板　龙门板是在房屋定位放线后，砌筑时定轴线、中心线的标准。施工定位时一般要求板顶面的高程即为建筑物相对标高±0.000。在板上画出轴线位置，以画"中"字示意，板顶面还要钉一根 20～25cm 长的钉子。在两个相对的龙门板之间拉上准线，则该线就表示为建筑物的轴线。有的在"中"字的两侧还分别

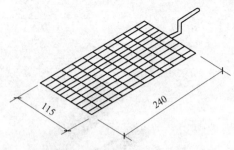

图 5-39 百格网（单位：mm）

画出墙身宽度位置线和大放脚排底宽度位置线，以便于操作人员检查核对。施工中严禁碰撞和踩踏龙门板，也不允许坐人。建筑物基础施工完毕后，将轴线标高等标志引测到基础墙上后，方可拆除龙门板、桩（图 5-40）。

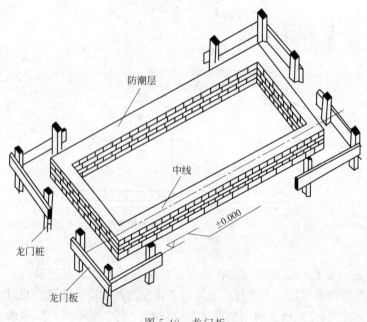

图 5-40　龙门板

⑥ 皮数杆　皮数杆是砌筑砌体在高度方向的基准。皮数杆分

为基础用和地上用两种。

基础用皮数杆比较简单，通常用断面 30mm×30mm 的小木杆，由现场施工员绘制。一般在进行条形基础施工时，先在要立皮数杆的地方预埋一根小木桩，到砌筑基础墙时，将画好的皮数杆钉到小木桩上。皮数杆顶应高出防潮层的位置，杆上要画出砖皮数、地圈梁、防潮层等的位置，并且标出高度和厚度。皮数杆上的砖层还要按顺序编号。画到防潮层层底的标高处，砖层必须是整皮数。若条形基础垫层表面不平，可以在一开始砌砖时就用细石混凝土找平。

±0.000 以上的皮数杆，又称大皮数杆。皮数杆的设置要根据砌体结构的大小和平面复杂程度而定，一般要求转角处和施工段分界处设立皮数杆。当为一道通长的墙身时，皮数杆的间距要求不大于 20m。如果砌体构造比较复杂，皮数杆应该编号，并对号入座，皮数杆四个面的画法如图 5-41 所示。

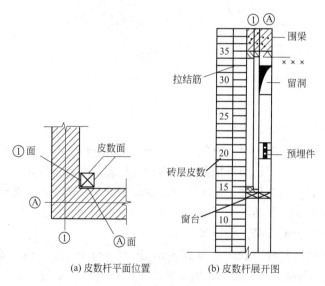

(a) 皮数杆平面位置   (b) 皮数杆展开图

图 5-41　皮数杆

5.3 砖砌体的组砌原则

（1）砖墙规格

砖墙规格如图 5-42 所示。

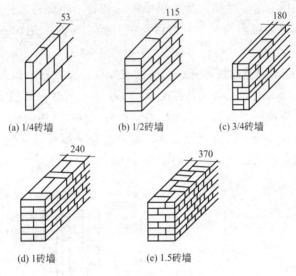

(a) 1/4砖墙　　(b) 1/2砖墙　　(c) 3/4砖墙

(d) 1砖墙　　(e) 1.5砖墙

图 5-42　砖墙规格（单位：mm）

（2）砌体必须错缝

砖砌体是由一块一块的砖，利用砂浆作为填缝和黏结材料，组砌成墙体或柱子。为了使其共同作用、均匀受力，保证砌体的整体强度，必须错缝搭接。要求砖块最少应错缝 1/4 砖长，才符合错缝搭接的要求，如图 5-43 所示。

（3）控制水平灰缝厚度

砌体的灰缝一般规定为 10mm，最大不得超过 12mm，最小不得小于 8mm。水平灰缝如果太厚，不仅使砌体产生过大的压缩变形，还可能使砌体产生滑移，对墙体结构十分不利。而水平灰缝太

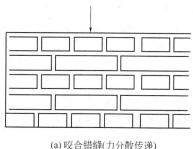

(a) 咬合错缝(力分散传递)   (b) 不咬合(砌体压散)

图 5-43　砖砌体的错缝

薄，则不能保证砂浆的饱满度和均匀性，对墙体的黏结整体性产生不利影响。垂直灰缝又称头缝，太宽和太窄都会影响砌体的整体性。若两块砖紧紧挤在一起，没有灰缝（又称瞎缝），则更影响砌体的整体性。

（4）墙体之间的连接

要保证墙体间的整体性，墙体与墙体的连接是至关重要的。两道相接的墙体最好同时砌筑，若不能同时砌筑，应在先砌的墙上留出接槎（又称留槎），后砌的墙体要镶入接槎内（又称咬槎）。砖墙接槎质量的好坏，对整个砌体的稳定性相当重要。正常的接槎，规范规定采用以下两种形式：一种是斜槎，又称"踏步槎"；另一种

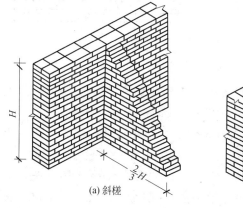

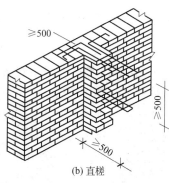

(a) 斜槎　　　　　　　　　(b) 直槎

图 5-44　斜槎和直槎（单位：mm）

是直槎，又称"马牙槎"。凡留直槎时，必须在竖向每隔 500mm 配置 Φ6 钢筋（120mm 墙厚放两根，每增加 120mm 墙厚增加放置一根）作为拉结筋，伸出以及埋在墙内各 500mm 长。斜槎和直槎的做法如图 5-44 所示。

5.4 实心砖砌体的组砌方法

(1) 一顺一丁组砌法

一顺一丁组砌法是一种最常见的组砌方法，又称满丁满条组砌法，如图 5-45 所示。它是由一皮顺砖与一皮丁砖相间隔砌成，上下皮之间的竖向灰缝相互错开 1/4 砖长。这种砌法优点是效率较高，操作较易掌握，墙面平整也容易控制。缺点是对砖的规格要求较高，若规格不一致，竖向灰缝就难以整齐。另外在墙的转角、丁字接头和门窗洞口等处都要砍砖，在一定程度上影响了工效。

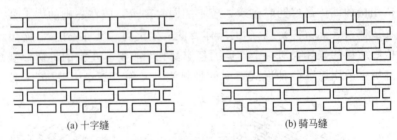

(a) 十字缝   (b) 骑马缝

图 5-45　一顺一丁的两种砌法

它的墙面组砌形式有两种：一种是顺砖层上下对齐的，称为十字缝；另一种是顺砖层上下错开 1/2 砖的，称为骑马缝。

一顺一丁墙大角砌法如图 5-46 所示。用这种砌法时，调整砖缝的方法可以采用外七分头或内七分头，一般用外七分头，而且要求七分头跟顺砖走。采用内七分头的砌法是在大角上先放整砖，将准线提起来，让同一条准线上操作的其他人员先开始砌筑，以便加快整体速度。但是转角处有半砖长的"花槽"出现通天缝，一定程

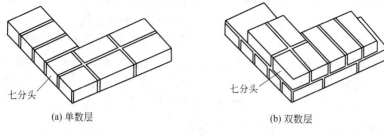

七分头   七分头

(a) 单数层   (b) 双数层

图 5-46　一顺一丁墙大角砌法（一砖墙）

度上影响了砌体的质量。

（2）梅花丁砌法

梅花丁砌法又称沙包式或十字式，是在同一批砖上采用两块顺砖夹一块丁砖的砌法，如图 5-47 所示。上皮丁砖坐中于下皮顺砖，上下两皮砖的竖向灰缝错开 1/4 砖长。它的内外竖向灰缝每皮都能错开，竖向灰缝容易对齐，墙面平整度容易控制，特别是当砖的规格不一致时，更显出其控制竖向灰缝的优越性。这种砌法灰缝整齐美观，尤其适宜于清水外墙。但是由于顺砖与丁砖交替砌筑，影响操作速度，工效较低。

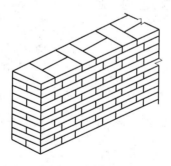

图 5-47　梅花丁砌法

（3）三顺一丁砌法

三顺一丁砌法是采用三皮全部顺砖与一皮全部丁砖间隔砌成的组砌方法。上下皮顺砖间竖向灰缝错开 1/2 砖长，上下皮顺砖与丁砖间竖向灰缝错开 1/4 砖长。同时要求山墙与檐墙（长墙）的丁砖层不在同一皮砖上，以利于错缝和搭接。这种砌法一般适用于一砖半以上的墙。这种砌法顺砖较多，砖的两个条面中挑选一面朝外，故墙面美观，同时在墙的转角处、丁字和十字接头处和门窗洞口等处砍凿砖少，砌筑效率较高。缺点是顺砖较多，特别是砖比较潮湿时容易向外挤出，出现"游墙"，而且花槽三层同缝，砌体的整体性较差。三顺一丁砌法一般以内七分头调整错缝和搭接。三顺一丁组砌形式及大角砌法如图5-48所示。

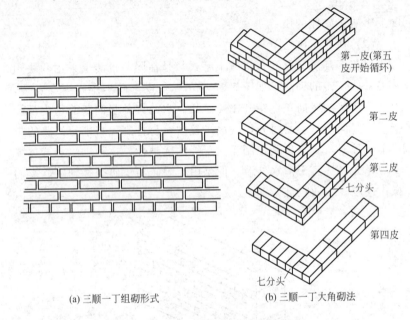

(a) 三顺一丁组砌形式　　　(b) 三顺一丁大角砌法

图5-48　三顺一丁组砌形式及大角砌法

（4）全顺砌法

全部采用顺砖砌筑，上下皮间竖向灰缝错开1/2砖长（图5-49）。这种砌法仅适用于半砖墙。

（5）全丁砌法

全部采用丁砖砌筑，上下皮间竖向灰缝相互错开1/4砖长。这种砌法仅适用于砌圆弧形砌体，例如窨井。一般采用外圆放宽竖

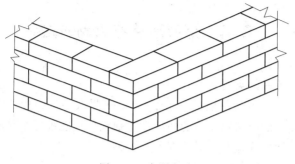

图 5-49　全顺砌法

缝、内圆缩小竖缝的办法形成圆弧。当窨井的直径较小时，砖要砍成楔形砌筑。

（6）二平一顺砌法

二平一侧砌法是采用二皮顺砌砖与一皮侧砌的顺砖相隔砌成。这种砌法较费工但节约用砖，仅适用于 180mm 或 300mm 厚的墙。当连砌二皮顺砖（上下皮竖向灰缝相互错开 1/2 砖长），背后贴一侧砖（平砌层与侧砌层的竖向灰缝也错开 1/2 砖长），就组成了 180mm 厚墙。当连砌二皮丁砖或一顺一丁，上下皮之间竖缝错开 1/4 砖长，背后由一侧砖（侧砖层与顺砖层之间竖缝错开 1/2 砖长，与丁砖层错开 1/4 砖长）就组成 300mm 厚的墙。每砌二皮砖以后，将平砌砖和侧砌砖里外互换，即可组成二平一侧砌体（图 5-50）。

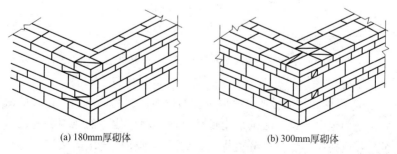

(a) 180mm厚砌体　　　　　　　　(b) 300mm厚砌体

图 5-50　二平一顺砌法

5.5 矩形砖柱的组砌方法

(1) 砖柱的类别

砖柱一般分为附墙砖柱和独立砖柱两大类，如图 5-51 所示。附墙砖柱一般能增强墙体的稳定性，独立砖柱能独立承受相应的荷载，其断面形式也有矩形、圆形等多种形式。

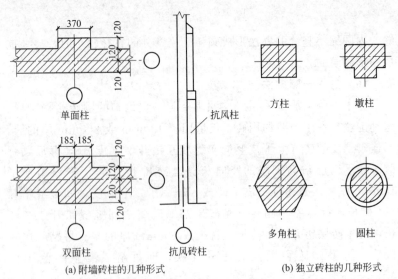

(a) 附墙砖柱的几种形式　　　　　　(b) 独立砖柱的几种形式

图 5-51　砖柱的类别（单位：mm）

(2) 砖柱的排砖

① 排砖的基本要求　砖砌体中的砖块必须上下错缝、内外搭接，错缝搭接长度不小于 1/4 砖长，不得采用包心砌法。

② 附墙砖柱的排砖　附墙砖柱的排砖应根据墙厚和相应柱的截面大小而定。而且，无论采用哪种排法，都应使柱的那部分与墙身至少隔皮搭接，切不可分离排砌，头角根据错缝要求可采用七分头和五分头的砖进行调整。常用的附墙砖柱的几种排法如图 5-52 所示。

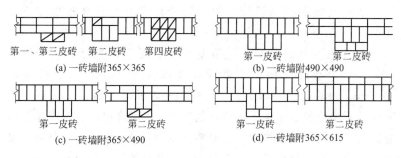

图 5-52　附墙砖柱的排砖（单位：mm）

③ 独立砖柱的排砖　独立砖柱的排砖，只从柱的截面大小以及几何形状自身特点去考虑，常用的几种排法如图 5-53 所示。

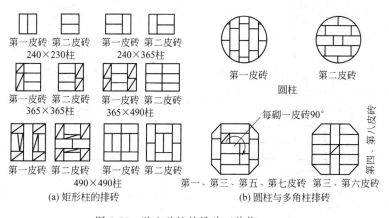

图 5-53　独立砖柱的排砖（单位：mm）

5.6　石砌体砌筑

5.6.1　毛石砌体砌筑

（1）毛石基础砌筑

毛石基础是用乱毛石和平毛石（平毛石指形状虽不规则，但有两个平面大致平行的石块）与水泥砂浆或水泥混合砂浆砌筑而成的。

① 毛石的基础构造　毛石基础的断面形式有梯形和阶梯形（图 5-54），基础的顶面宽度应比墙厚大 200mm，既每边宽出 100mm，每阶高度一般为 300～400mm，并至少砌二皮毛石。上阶梯的石块应至少压砌下级阶梯的 1/2。相邻阶梯的毛石应相互错缝搭砌。砌第一层石块时，基底要坐浆，石块大面向下。基础的最上一层石块，宜选用较大的毛石砌筑。基础的第一层及转角处、交接处和洞口处选用较大的平毛石。

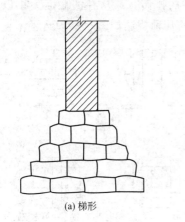
(a) 梯形

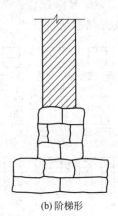
(b) 阶梯形

图 5-54　毛石基础截面形式

毛石砌筑一般用铺浆法砌筑。灰缝厚度宜为 20～30mm，砂浆应饱满。毛石宜分皮卧砌，上下错缝，内外搭接。不得采用外面侧立石块，中间填心的砌筑方法。每日砌筑高度不宜超过 1.2m。

② 毛石基础的砌筑要点

a. 砌筑前检查。砌筑前应先检查基槽尺寸、垫层的厚度和标高。如果基槽有积水，在排除积水后要清除污泥，然后夯填入 100mm 厚碎石或卵石，使其嵌入地基内，起到挤密加固作用。如果基槽过分干燥，并已有酥松的浮土时，应用水壶洒少量水，然后夯实。

b. 挂准线。检查基槽的宽度、深度无误后，可放出基槽线及砌体中线和边线，再立挂线杆及拉准线。挂准线的做法：在基槽两端的两侧各立一根木杆，上部再钉一根横杆，根据基槽的宽度拉好立线［见图5-55(a)］，然后根据基础边线在墙阴阳角处先砌两层较方正的石块，依此挂水平准线，作为砌石的水平标准。

当砌矩形或梯形截面的基础时，按照设计尺寸，用50mm×50mm的小木条钉成样架，立于基槽两端，在样架梯上注明标高，两端样架相应高度用准线连接，作为砌筑的依据［见图5-55(b)］。

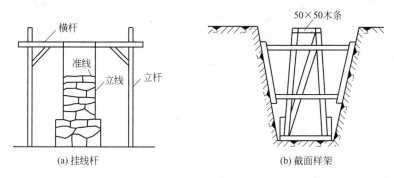

(a) 挂线杆　　　　　　　　　　(b) 截面样架

图5-55　立杆与截面样架（单位：mm）

砌阶梯形毛石基础时，应将横杆上的立线按基础宽度向中间移动，移动退后所需的宽，再拉水平准线。每当一退台砌完，进行下一退台前，应重复检查一次砌体中心位置，发现偏差应立即纠正。

c. 砌角石。开始砌第一层基础时，应选择比较方正的石块砌在大角处，俗称"角石"。角石一经固定，房屋的位置也就确定了，因此"角石"也叫"定位石"。角石应选择三面方正、大小差不多的石块，如不适用时，应进行加工。除了角石以外，第一层一般也应选择比较平整的石块，砌筑时应将石块较平整的搭面朝下，要放稳、放平，用脚踩时不活动。

d. 错缝搭砌。砌筑第二层时要上下错缝，上级台阶的石块应至少压砌下台阶的1/2。相邻台阶的毛石也应相互错缝搭砌。

e. 砌拉结石。为了保证毛石基础的整体性，每层间隔1m左右，必须砌一块横贯墙身的拉结石（又称丁石或满墙石）。上、下层拉结石要相互错开位置，在立面上拉结石的位置呈梅花状，如图5-56所示。拉结石要选平整的，如墙厚等于或小于400mm，其长度应等于墙厚；墙厚大于400mm，可用两块拉结石内外搭接，搭接长度不应小于150mm，且其中一块长度不应小于墙厚的2/3。

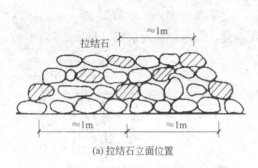
(a) 拉结石立面位置

(b) 夹心墙

图 5-56　拉结石和夹心墙

砌石时，应先砌里外两面后砌中间石，但应防止砌成夹心墙，如图5-56(b) 所示。基础墙中如有孔洞时应预先留出，不得砌后凿洞。沉降缝处应分段砌筑，不应搭砌。毛石基础砌完后用砂浆把墙缝嵌塞严密。

f. 墙基留槎。墙基如需留槎时，不得留在外墙或纵横墙结合处，要求至少应伸出墙转角或纵横墙交接处 1～1.5m，并留踏步接槎。

（2）毛石墙砌筑

毛石墙的厚度不宜小于350mm。毛石墙所用石块，顶面宽度不得小于15cm。不应使用斧刃石，以防上层石块滑动及勾缝不易严实。不应出现图5-57所示类型的砌石，以免墙体承重后发生错位、劈裂、外胶等现象。

毛石砌体宜分皮卧砌，各皮石块间应利用自然形状经敲打修整使能与先砌石块基本吻合、搭砌紧密；应上下错缝、内外搭砌，不得采用外面侧立石块中间填心的砌筑方法；中间不得有铲口石（尖

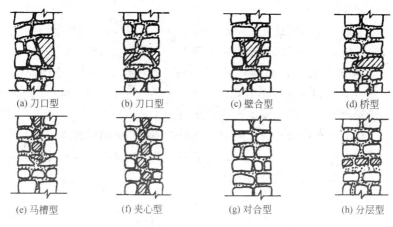

(a) 刀口型　　　(b) 刀口型　　　(c) 壁合型　　　(d) 桥型

(e) 马槽型　　　(f) 夹心型　　　(g) 对合型　　　(h) 分层型

图 5-57　错误的砌石类型

石倾斜向外的石块）、斧刃石（尖石垂直向下的石块）和过桥石（仅在两端搭砌的石块）（图 5-58）。

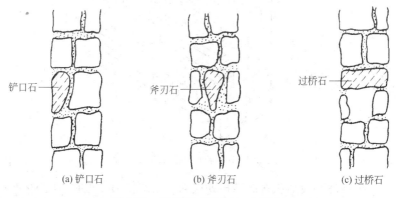

铲口石　　　　斧刃石　　　　过桥石

(a) 铲口石　　　(b) 斧刃石　　　(c) 过桥石

图 5-58　铲口石、斧刃石、过桥石

　　毛石砌体的灰缝厚度宜为 20～30mm，石块间不得有相互接触现象。石块间较大的空隙应填塞砂浆后用碎石块嵌实，不得采用先摆碎石后塞砂浆或干填碎石块的方法。

　　毛石砌体的第一皮及转角处、交接处和洞口处，应用较大的平毛石砌筑。每个楼层（包括基础）砌体的最上一皮，宜选用较大的毛石砌筑。

毛石砌体必须设置拉结石。拉结石应均匀分布，相互错开。毛石墙一般每 0.7m² 墙面至少应设置 1 块，且同皮内的中距不应大于 2m。拉结石长度，如墙厚≤400mm，应与墙厚相等；如墙厚≥400mm，可用两块拉结石内外搭接，搭接长度≥150mm，且其中一块长度不应小于基础宽度或墙厚的 2/3。

在毛石和烧结普通砖的组合墙中，毛石砌体与砖砌体应同时砌筑，并每隔 4～6 皮砖用 2～3 皮丁砖与毛石砌体拉结砌合，两种砌体间的空隙应用砂浆填满（图 5-59）。

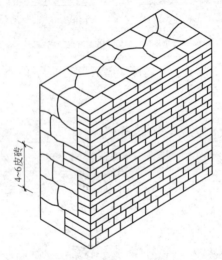

图 5-59　毛石和烧结普通砖组合墙

毛石墙和砖墙相接的转角处应同时砌筑。砌转角时，应选择棱角比较整齐、形状比较方正的石块。上下两层之间的石块应长短交错。内、外墙衔接处，应选择适当尺寸的石块，使之很好地错缝和咬接，严密压实，衔接牢固。转角处应自纵墙（或横墙）每隔 4～6 皮砖高度砌出≥120mm 与横墙（或纵墙）相接（图 5-60）。每砌筑一层石块，均应吊线找正。

毛石墙和砖墙相接的交接处应同时砌筑。交接处应自纵墙每隔

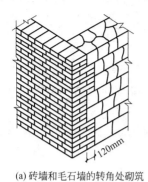

(a) 砖墙和毛石墙的转角处砌筑

(b) 毛石墙和砖墙的转角处砌筑

图 5-60　毛石墙和砖墙转角处

4～6 皮砖高度砌出≥120mm 与横墙相接（图 5-61）。

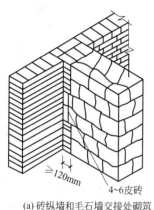
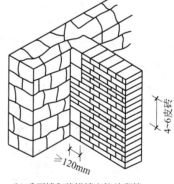

(a) 砖纵墙和毛石墙交接处砌筑

(b) 毛石墙和砖横墙交接处砌筑

图 5-61　毛石墙和砖墙交接处

　　如在中途停工或晚间收工时，应在已砌好的砌体竖缝中，填满砂浆，但表面不准铺砂浆，以便继续施工时接合。继续砌筑时，应清除砌体上面的杂物，并洒水湿润砌体表面。

　　毛石砌体每日砌筑高度，不应超过 1.2m。每砌一步架，要大致找平一次。砌到墙顶时，应用 1∶3 水泥砂浆全面找平，标高应符合设计要求。

5.6.2 料石砌体砌筑

(1) 施工要求

① 石砌体工程所用的材料应有产品的合格证书、产品性能检测报告。料石、水泥、外加剂等应有材料主要性能的进场合格证及复试报告。

② 砌筑石材基础前，应校核放线尺寸，其允许偏差应符合表5-17的规定。

表 5-17　放线尺寸的允许偏差

长度 L、宽度 B/m	允许偏差/mm
L(或 B)≤30	±5
30<L(或 B)≤60	±10
60<L(或 B)≤90	±15
L(或 B)>90	±20

③ 石砌体砌筑顺序应符合的规定如下：

a. 基底标高不同时，应从低处砌起，并应由高处向低处搭砌。当设计无要求时，搭接长度不应小于基础扩大部分的高度。

b. 料石砌体的转角处和交接处应同时砌筑。当不能同时砌筑时，应按规定留槎、接槎。

④ 设计要求的洞口、管道、沟槽应于料石砌体砌筑前正确留出或预埋，未经设计同意，不得打凿料石墙体或在料石墙体上开凿水平沟槽。

⑤ 搁置预制梁板的料石砌体顶面应找平，安装时应坐浆。当设计无具体要求时，应采用1:2.5的水泥砂浆。

⑥ 设置在潮湿环境或有化学侵蚀性介质的环境中的料石砌体，灰缝内的钢筋应采取防腐措施。

(2) 料石基础砌筑

① 料石基础的构造　料石基础是用毛料石或粗料石与水泥混

合砂浆或水泥砂浆砌筑而成的。

料石基础有墙下的条形基础和柱下独立基础等。依其断面形状有矩形、阶梯形等，如图 5-62 所示。阶梯形基础每阶挑出宽度不大于 200mm，每阶为一皮或二皮料石。

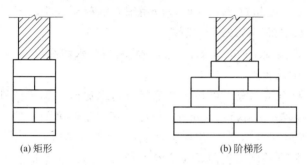

(a) 矩形　　　　　　　　　　　(b) 阶梯形

图 5-62　料石基础断面形状

② 料石基础的组砌形式　料石基础砌筑形式有顶顺叠砌和顶顺组砌。顶顺叠砌是一皮顺石与一皮顶石相隔砌成的，上下皮竖缝相互错开 1/2 石宽；顶顺组砌是同皮内 1～3 块顺石与一块顶石相隔砌成的，顶石中距不大于 2m，上皮顶石坐中于下皮顺石，上下皮竖缝相互错开至少 1/2 石宽，如图 5-63 所示。

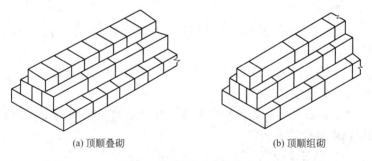

(a) 顶顺叠砌　　　　　　　　　　(b) 顶顺组砌

图 5-63　料石基础砌筑形式

③ 砌筑准备

a. 放好基础的轴线和边线，测出水平标高，立好皮数杆。皮数杆间距以不大于 15m 为宜，在料石基础的转角处和交接处均应设置皮数杆。

b. 砌筑前，应将基础垫层上的泥土、杂物等清除干净，并浇水润湿。

c. 拉线检查基础垫层表面标高是否符合设计要求。如第一皮水平灰缝厚度超过 20mm 时，应用细石混凝土找平，不得用砂浆或在砂浆中掺碎砖或碎石代替。

d. 常温施工时，砌石前一天应将料石浇水润湿。

④ 砌筑要点

a. 料石基础宜用粗料石或毛料石与水泥砂浆砌筑。料石的宽度、厚度均不宜小于 200mm，长度不宜大于厚度的 4 倍。料石强度等级应不低于 M20。砂浆强度等级应不低于 M5。

b. 料石基础砌筑前，应清除基槽底杂物；在基槽底面上弹出基础中心线及两侧边线；在基础两端立起皮数杆，在两皮数杆之间拉准线，依准线进行砌筑。

c. 料石基础的第一皮石块应坐浆砌筑，即先在基槽底摊铺砂浆，再将石块砌上，所有石块应丁砌，以后各皮石块应铺灰挤砌，上下错缝，搭砌紧密，上下皮石块竖缝相互错开应不少于石块宽度的 1/2。料石基础立面组砌形式宜采用一顺一丁，即一皮顺石与一皮丁石相间。

d. 阶梯形料石基础，上阶的料石至少压砌下阶料石的 1/3，如图 5-64 所示。

ⅰ. 料石基础的水平灰缝厚度和竖向灰缝宽度不宜大于 20mm。灰缝中砂浆应饱满。

ⅱ. 料石基础宜先砌转角处或交接处，再依准线砌中间部分，临时间断处应砌成斜槎。

(3) 料石墙砌筑

① 料石墙的组砌形式　料石墙砌筑形式有以下几种，如图 5-65所示。

a. 全顺叠砌。每皮均为顺砌石，上下皮竖缝相互错开 1/2 石长。此种砌筑形式适合于墙厚等于石宽时。

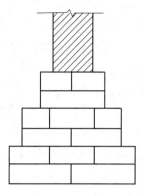

图 5-64　阶梯形料石基础

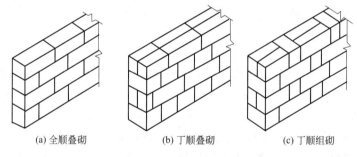

(a) 全顺叠砌　　　　　(b) 丁顺叠砌　　　　　(c) 丁顺组砌

图 5-65　料石墙砌筑形式

　　b. 丁顺叠砌。一皮顺砌石与一皮丁砌石相隔砌成,上下皮顺石与丁石间竖缝相互错开 1/2 石宽,这种砌筑形式适合于墙厚等于石长时。

　　c. 丁顺组砌。同皮内每 1～3 块顺石与一块顶石相间砌成,上皮丁石坐中于下皮顺石,上下皮竖缝相互错开至少 1/2 石宽,丁石中距不超过 2m。这种砌筑形式适合于墙厚等于或大于两块料石宽度时。

　　料石还可以与毛石或砖砌成组合墙。料石与毛石的组合墙,料石在外,毛石在里;料石与砖的组合墙,料石在里,砖在外,也可料石在外,砖在里。

② 砌筑准备

a. 基础通过验收,土方回填完毕,并办完隐检手续。

b. 在基础丁面放好墙身中线与边线及门窗洞口位置线,测出水平标高,立好皮数杆。皮数杆间距以不大于 15m 为宜,在料石墙体的转角处和交接处均应设置皮数杆。

c. 砌筑前,应将基础顶面的泥土、杂物等清除干净,并浇水润湿。

d. 拉线检查基础顶面标高是否符合设计要求。如第一皮水平灰缝厚度超过 20mm 时,应用细石混凝土找平,不得用砂浆或在砂浆中掺碎砖或碎石代替。

e. 常温施工时,砌石前 1 天应将料石浇水润湿。

f. 操作用脚手架、斜道以及水平、垂直防护设施已准备妥当。

③ 砌筑要点

a. 料石砌筑前,应在基础丁面上放出墙身中线和边线及门窗洞口位置线并抄平,立皮数杆,拉准线。

b. 料石砌筑前,必须按照组砌图将料石试排妥当后,才能开始砌筑。

c. 料石墙应双面拉线砌筑,全顺叠砌单面挂线砌筑。先砌转角处和交接处,后砌中间部分。

d. 料石墙的第一皮及每个楼层的最上一皮应丁砌。

e. 料石墙采用铺浆法砌筑。料石灰缝厚度:毛料石和粗料石墙砌体不宜大于 20mm,细料石墙砌体不宜大于 5mm。砂浆铺设厚度略高于规定灰缝厚度,其高出厚度:细料石为 3～5mm,毛料石、粗料石宜为 6～8mm。

f. 砌筑时,应先将料石里口落下,再慢慢移动就位,校正垂直与水平。在料石砌块校正到正确位置后,顺石面将挤出的砂浆清除,然后向竖缝中灌浆。

g. 在料石和砖的组合墙中,料石墙和砖墙应同时砌筑,并每隔 2～3 皮料石用丁砌石与砖墙拉结砌合,丁砌石的长度宜与组合墙厚度相等,如图 5-66 所示。

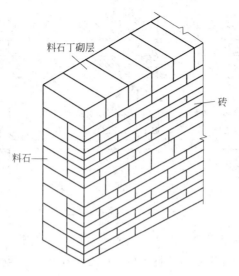

图 5-66 料石和砖的组合墙

h. 料石墙宜从转角处或交接处开始砌筑，再依准线砌中间部分，临时间断处应砌成斜槎，斜槎长度应不小于斜槎高度。料石墙每日砌筑高度不宜超过 1.2m。

④ 墙面勾缝

a. 石墙勾缝形式有平缝、凹缝、凸缝，凹缝又分为平凹缝、半圆凹缝，凸缝又分为平凸缝、半圆凸缝、三角凸缝，如图 5-67 所示。一般料石墙面多采用平缝或平凹缝。

b. 料石墙面勾缝前要先剔缝，将灰缝凹入 20～80mm。墙面用水喷洒润湿，不整齐处应修整。

c. 料石墙面勾缝应采用加浆勾缝，并宜采用细砂拌制 1：1.5 水泥砂浆，也可采用水泥石灰砂浆或掺入麻刀（纸筋）的青灰浆。有防渗要求的，可用防水胶泥材料进行勾缝。

d. 勾平缝时，用小抿子在托灰板上刮灰，塞进石缝中严密压实，表面压光。勾缝应顺石缝进行，缝与石面齐平，勾完一段后，用小抿子将缝边毛槎修理整齐。

e. 勾平凸缝（半圆凸缝或三角凸缝）时，先用 1：2 水泥砂浆

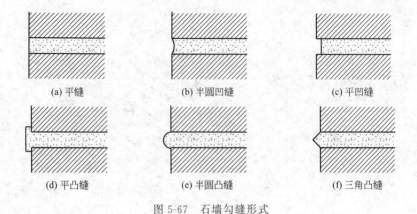

(a) 平缝	(b) 半圆凹缝	(c) 平凹缝
(d) 平凸缝	(e) 半圆凸缝	(f) 三角凸缝

图 5-67　石墙勾缝形式

抹平，待砂浆凝固后，再抹一层砂浆，用小抿子压实、压光，稍停等砂浆收水后，用专用工具捋成 10～25mm 宽窄一致的凸缝。

f. 石墙面勾缝

ⅰ. 拆除墙面或柱面上临时装设的电缆、挂钩等物。

ⅱ. 清除墙面或柱面上黏结的砂浆、泥浆、杂物和污渍等。

ⅲ. 剔缝，即将灰缝刮深 20～30mm，不整齐处加以修整。

ⅳ. 用水喷洒墙面或柱面使其润湿，随后进行勾缝。

g. 料石墙面勾缝应从上向下、从一端向另一端依次进行。

h. 料石墙面勾缝缝路顺石缝进行，且均匀一致，深浅、厚度相同，搭接平整通顺。阳角勾缝两角方正，阴角勾缝不能上下直通。严禁出现丢缝、开裂或黏结不牢等现象。

i. 勾缝完毕，清扫墙面或柱面，表面洒水养护，防止干裂和脱落。

（4）料石柱砌筑

① 料石柱的构造　料石柱是用半细料石或细料石与水泥混合砂浆或水泥砂浆砌成的。

料石柱有整石柱和组砌柱两种。整石柱每一皮料石是整块的，即料石的叠砌面与柱断面相同，只有水平灰缝，无竖向灰缝。柱的断面形状多为方形、矩形或圆形。组砌柱每皮由几块料石组砌，上下皮竖缝相互错开，柱的断面形状有方形、矩形、T形或十字形，如图 5-68 所示。

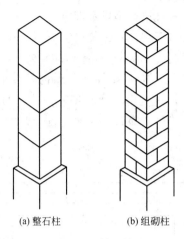

(a) 整石柱　　　　(b) 组砌柱

图 5-68　料石柱

② 料石柱砌筑

a. 料石柱砌筑前，应在柱座面上弹出柱身边线，在柱座侧面弹出柱身中心线。

b. 整石柱所用石块其四侧应弹出石块中心线。

c. 砌整石柱时，应将石块的叠砌面清理干净。先在柱座面上抹一层水泥砂浆，厚约 10mm，再将石块对准中心线砌上，以后各皮石块砌筑应先铺好砂浆，对准中心线，将石块砌上。石块如有竖向偏斜，可用铜片或铝片在灰缝边缘内垫平。

d. 砌筑料石柱时，应按规定的组砌形式逐皮砌筑，上下皮竖缝相互错开，无通天缝，不得使用垫片。

e. 灰缝要横平竖直。灰缝厚度：细料石柱不宜大于 5mm；半细料石柱不宜大于 10mm。砂浆铺设厚度应略高于规定灰缝厚度，其高出厚度为 3～5mm。

f. 砌筑料石柱，应随时用线坠检查整个柱身的垂直，如有偏斜应拆除重砌，不得用敲击方法去纠正。

g. 料石柱每天砌筑高度不宜超过 1.2m。砌筑完后应立即加以围护，严禁碰撞。

（5）石过梁砌筑

石过梁有平砌式过梁、平拱和圆拱三种。

平砌式过梁用料石制作，过梁厚度应为200～450mm，宽度与墙厚相等，长度不超过1.7m，其底面应加工平整。当砌到洞口顶时，即将过梁砌上，过梁两端各伸入墙内长度应不小于250mm。过梁上续砌石墙时，其正中石块长度不应小于过梁净跨度的1/3，其两旁应砌上不小于过梁净跨2/3的料石，如图5-69所示。

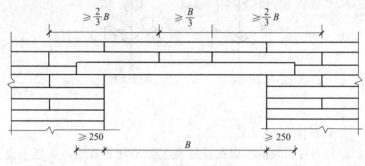

图5-69　平砌式石过梁（单位：mm）

石平拱所用料石应按设计要求加工，如无设计规定时，则应加工成楔形（上宽下窄）。平拱的拱脚处坡度以60°为宜，拱脚高度为2皮料石高。平拱的石块应为单数，石块厚度与墙厚相等，石块高度为2皮料石高。砌筑平拱时，应先在洞口顶支设模板。从两边拱脚处开始，对称地向中间砌筑，正中一块锁石要挤紧。所用砂浆的强度等级应不低于M10，灰缝厚度为5mm，如图5-70所示。砂浆强度达到设计强度70%时拆模。

石圆拱所用料石应进行细加工，使其接触面吻合严密，形状及尺寸均应符合设计要求。砌筑时应先在洞口顶部支设模板，由拱脚处开始对称地向中间砌筑，正中一块拱冠石要对中挤紧，如图5-71所示。所用砂浆的强度等级应不低于M10，灰缝厚度为5mm。砂浆强度达到设计强度70%时方可拆模。

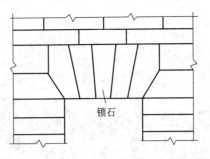

图 5-70　石平拱

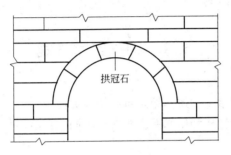

图 5-71　石圆拱

6.1 园林给水方式

(1) 根据给水性质和给水系统构成分类

根据给水性质和给水系统构成的不同，可将园林给水分成如下三种方式。

① 从属式　从属式是指公园的水源来自城市管网，是城市给水管网的一个用户。

② 独立式　独立式是指水源取自园内水体，独立取水进行水的处理和使用。

③ 复合式　复合式是指公园的水源兼由城市管网供水和园内水体供水。

(2) 根据水质、水压或地形高差要求分类

在地形高差显著或者对水质、水压有不同要求的园林绿地，可采用分区供水、分质供水、分压供水。

① 分区供水　如园内地形起伏较大，或管网延伸很远时，可以采用分区供水（图6-1）。

② 分质供水　根据用户对水质要求的不同，可采取分质供水的方式进行供水（图6-2）。如：园内游人生活用水，要求使用符合人们饮用的高水质水；浇洒绿地、灌溉植物及水景用水，只要无

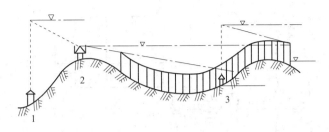

图 6-1 分区供水系统
1—低区供水泵站；2—水塔；3—高区供水泵站

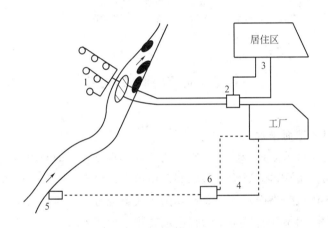

图 6-2 分质供水系统
1—管井；2—泵站；3—生活用水管网；4—生产用水管网；
5—取水构筑物；6—工业用水处理构筑物

害于植物、不污染环境即可使用。

③ 分压供水　分压供水是根据用户对水压要求的不同而采取的供水方式（图6-3），如：园内大型喷泉、瀑布或高层建筑对水压要求较大，因此要考虑设水泵加压循环使用；其他地方的用水对水压要求较小，可直接采用城市管网水压。

采用不同的给水系统的布置方式既可降低水处理费用和水泵动力费用，又可以节省管材。

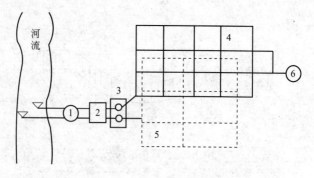

图 6-3　分压供水系统

1—取水构筑物；2—水处理构筑物；3—泵站；4—高压管网；5—低压管网；6—水塔

6.2　园林排水方式

（1）地面排水

地面排水是最经济、最常用的园林排水方式。即利用地面坡度使雨水汇集，再通过沟、谷、涧、山道等加以组织引导，就近排入附近水体或城市雨水管渠。在我国，大部分公园绿地都采用地面排水为主，沟渠和管道排水为辅的综合排水方式。

雨水径流对地表的冲刷，是地面排水所面临的主要问题。必须进行合理的安排，采取措施防止地表径流冲刷地面，保持水土，维护园林景观。通常可从以下三方面考虑：

1）地形设计时充分考虑排水要求

① 注意控制地面坡度，使之不至于过陡，否则应另采取措施以减少水土流失。

② 同一坡度（即使坡度不大）的坡面不宜延伸过长，应该有起伏变化，以阻碍缓冲径流速度，同时也可以丰富园林地貌景观。

③ 用顺等高线的盘山道、谷线等拦截和组织排水。

2）发挥地被植物的护坡作用　地被植物具有对地表径流加以

阻碍、吸收以及固土等诸多作用，因而可以通过加强绿化、合理种植、用植被覆盖地面等有效措施来防止地表水土的流失。

3）采取工程措施　在过长（或纵坡较大）的汇水线上以及较陡的出水口处，地表径流速度很大，则需利用工程措施进行护坡。以下介绍几种常用工程措施。

①"谷方""挡水石"　地表径流在谷线或山洼处汇集，形成大流速径流，为防止其对地表的冲刷，可在汇水线上布置一些山石，借以减缓水流冲力降低流速，起到保护地表的作用，这些山石称为"谷方"，"谷方"需深埋浅露加以稳固。"挡水石"则通常布置在山道边沟坡度较大处，作用和布置方式同"谷方"相近。

②山水口处理　园林中利用地面或明渠排水，在排入园内水体时，为了保护岸坡，出水口应做适当处理。常见的有以下两种方式：

a."水簸箕"。它是一种敞口排水槽，槽身可采用三合土、浆砌块石（或砖）或混凝土来加固。

当排水槽上下口高差大时可采取如下措施：在下口设栅栏起消力和防护作用；在槽底设置"消力阶"；槽底做成连续的浅阶；在槽底砌消力块等。

b.埋管排水。利用路面或道路边沟将雨水引至濒水地段低处或排放点，设雨水口埋置暗管将水排入水体。

（2）沟渠排水

指利用明沟、盲沟等设施进行排水的方式。

①明沟排水　明沟排水主要是土质明沟，其断面形式有梯形、三角形和自然式浅沟。沟内可植草种花，也可任其生长杂草，通常采用梯形断面。在某些地段根据需要也可砌砖、石或混凝土明沟，断面形式常采用梯形或矩形（图6-4、图6-5）。

②盲沟排水　盲沟是一种地下排水渠道，又名暗沟、盲渠。主要用于排除地下水，降低地下水位。适用于一些要求排水良好的全天候的体育活动场地、地下水位高的地区以及某些不耐水的园林

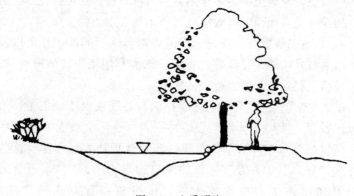

图 6-4　土质明沟

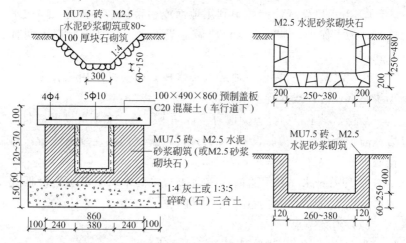

图 6-5　砌筑明沟（单位：mm）

植物生长区等。

　　a.盲沟排水的优点。取材方便，可废物利用，造价低廉；不需附加雨水口、检查井等构筑物，地面不留"痕迹"，从而保持了园林绿地草坪及其他活动场地的完整性。

　　b.布置形式。取决于地形及地下水的流动方向。常见的有四种形式，即自然式（树枝式）、截流式、箅式（鱼骨式）和耙式，

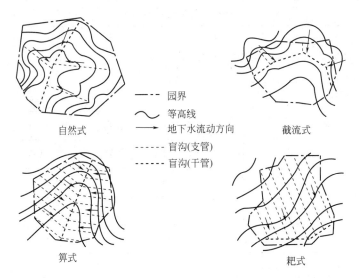

	—·—·— 园界	
	〰️ 等高线	
	⟶ 地下水流动方向	
	- - - - 盲沟(支管)	
自然式	- - - - 盲沟(干管)	截流式
算式		耙式

图 6-6　盲沟的布置形式

如图 6-6 所示。自然式适用于周边高中间低的山坞状园址地形，截流式适用于四周或一侧较高的园址地形，算式适用于谷地或低洼积水较多处，耙式适用于一面坡的情况。

　　c. 盲沟的埋深和间距。盲沟的埋深主要取决于植物对地下水位的要求、受根系破坏的影响、土壤质地、冰冻深度及地面荷载情况等因素，通常在 1.2～1.7m 之间（表 6-1）；支管间距则取决于土壤种类、排水量和要求的排除速度，对排水要求高如全天候的场地，应多设支管。支管间距一般为 8～24m（表 6-2）。

表 6-1　盲沟埋深参考值

土壤类别	埋深/m
砂质土	1.2
壤土	1.4～1.6
黏土	1.4～1.6
泥炭土	1.7

表 6-2　支管间距和埋深

土壤种类	管路/m	埋深/m
重黏土	8～9	1.15～1.30
致密黏土和泥炭岩黏土	9～10	1.20～1.35
砂质或黏壤土	10～12	1.1～1.6
致密壤土	12～14	1.15～1.55
砂质壤土	14～16	1.15～1.55
多砂壤土或砂中含腐殖质土	16～18	1.15～1.50
砂	20～24	—

d. 盲沟纵坡。盲沟沟底纵坡不小于 0.5%。只要地形等条件许可，纵坡坡度应尽可能取大些，以利地下水的排除。

e. 盲沟的构造。因透水材料多种多样，故构造类型也较多。常用材料及构造形式如图 6-7 所示。

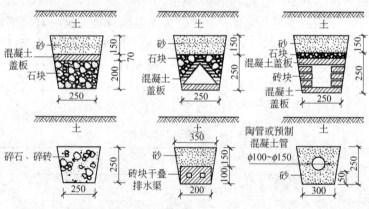

图 6-7　盲沟常用材料及构造形式（单位：mm）

（3）管道排水

在园林中的某些地方，如低洼的绿地，广场及休息场所，建筑物周围的积水、污水的排除，需要或只能利用敷设管道的方式进行。利用管道排水的优点是不妨碍地面活动，并且卫生、美观、排水效率高；但造价高，检修困难。

6.3　给水管网的布置形式

（1）枝状网

管网布置如树枝一样，从树干至树枝越来越细，如图 6-8 所示。

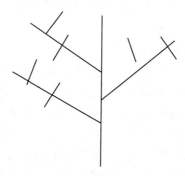

图 6-8　枝状网布置示意图

树状网特点如下：

① 管线的长度比较短，节省管材，基建费用低。

② 管网中如有一条管线损坏，它以后的管线都将断水，供水安全性较差。

（2）环状网

环状网由若干个闭合环流管路组成，如图 6-9 所示。

环状网特点如下：

① 由于管线中的水流四通八达，当有部分管线损坏时，断水的范围较小。

② 环状网中管网较长，所用阀门较多，因此工程投资较大。

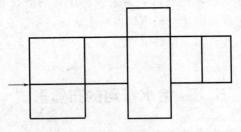

图 6-9　环状网布置示意图

6.4　排水管网的布置形式

（1）正交式排水管布置

排水管道干管走向与地形等高线或水体方向大体正交，这种形式称为正交式排水管布置图，如图 6-10 所示。这种布置方式适用于排水管网总走向的坡度接近于地面坡度时和地面向水体方向较均匀地倾斜时。采用这种布置，各排水区的干管以最短的距离通到排水口，管线长度短，管径较小，埋深小，造价较低。在条件允许的情况下，应尽量采用这种布置方式。

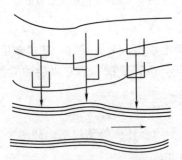

图 6-10　正交式排水管布置示意图

（2）截流式排水管布置

与正交式排水管布置的不同之处是在沿水体正交处设置了一条

截流管将污水引进污水站,如图 6-11 所示。这种布置形式可减少污水对于园林水体的污染,也便于对污水进行集中处理。

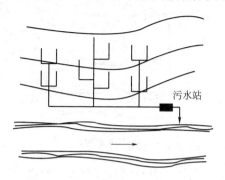

图 6-11 截流式排水管布置示意图

(3) 平行式排水管布置

将排水管主干管布置成与水体平行或夹角很小的状态。在地势向河流湖泊方向有较大倾斜的园林中,为了避免因管道坡度和水的流速过大而造成管道被严重冲刷的现象,则可设置成该种形式,如图 6-12 所示。

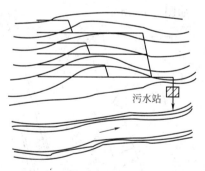

图 6-12 平行式排水管布置示意图

(4) 分区式排水管布置

当规划设计的园林地形高低差别很大时,可分别在高地形区和低地形区各设置独立的、布置形式各异的排水管网系统,这种形式就是分区式布置,如图 6-13 所示。低区管网可按重力自流方式直

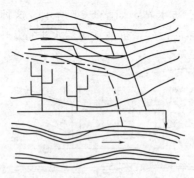

图 6-13　分区式排水管布置示意图

接排入水体的，则高区干管可直接与低区管网连接。如低区管网的水不能依靠重力自流排除，那么就将低区的排水集中到一处，用水泵提升到高区的管网中，由高区管网依靠重力自流方式把水排除。

（5）辐射式排水管布置

在用地分散、排水范围较大、基本地形是向周围倾斜的和周围地区都有可供排水的水体时，为了避免管道埋设太深，降低造价，可将排水干管布置成分散的、多系统的、多出口的形式。这种形式又叫分散式布置，如图 6-14 所示。

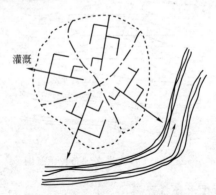

灌溉

图 6-14　辐射式排水管布置示意图

（6）环绕式排水管布置

这种方式是将辐射布置的多个分散出水口用一条排水主干管串

联起来，使主干管环绕在周围地带，并在主干管的最低点集中布置一套污水处理系统，以便污水的集中处理和再利用，如图 6-15 所示。

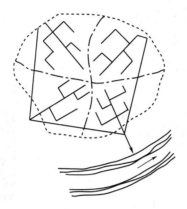

图 6-15 环绕式排水管布置示意图

6.5 园林给水系统附属构筑物

（1）水塔

水塔主要由基础、塔身、水柜和管道系统组成，如图 6-16 所示。

基础一般由混凝土浇筑而成，塔身则可采用砖砌或钢筋建造，水柜则用混凝土构成。

水塔的管道系统有进水管、出水管、溢流管、放空管和水位控制系统。一般情况下，进、出水管可分别设立，也可合用。竖管上需设置伸缩接头。为防止进水时水塔晃动，进水管宜设在水柜中心或适合升高。溢水管与放空管可以合用并连接。其管径可采用与进、出水管相同，或是缩小一个规格。溢水管上不得安装阀门。为反映水柜内水位变化，可设浮标水位尺或液位控制装置。塔顶应装避雷设施。

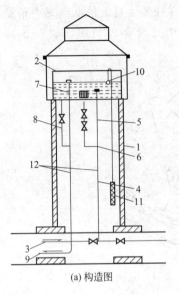

(a) 构造图

(b) 实物图

图 6-16　水塔

1—塔身；2—水柜；3—输水管；4—进、出水管；5—进水管；6—出水管；7—溢流管；
8—放空管；9—排水管；10—浮球；11—水位标尺；12—伸缩接头

室外计算温度为 −23 ~ −8℃ 地区，以及冬季采暖室外计算温度为 −30 ~ −24℃ 地区，除保温外还需采暖。

(2) 阀门井

立式阀门井的构造如图 6-17 所示。其井口直径为 700mm，井壁厚为 240mm，井内阀门高度不得低于最高水位。

阀门在安装时一般要注意以下几点：

① 配水管网中的阀门布置，应能满足事故管段的切断需要。其位置可结合连接管以及重要供水支管的节点位置确定，干管上的阀门间距一般为 500 ~ 1000mm。

② 干管上的阀门可设在连接管的下游，以便阀门关闭时，尽可能不影响支管的供水。

③ 支管和干管连接处，一般在支管上设置阀门，以使支管的检查不影响干管的供水。

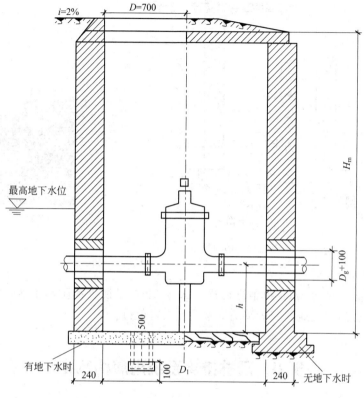

图 6-17　立式阀门井构造图（单位：mm）

（3）消防栓

消防栓主要由消火栓、短管、弯头支座和圆形阀门井组成，如图 6-18 所示。

园林中有一些珍贵古迹，为确保它们的安全，并使游人能正常参观，必须在附近设置消防设施。消防栓在布设时要遵循以下几点：

① 消防栓的间距不应大于 120m。

② 消防栓连接管的直径不小于 100mm。

③ 消防栓尽可能设在交叉口和醒目处。消防栓按规格应距建

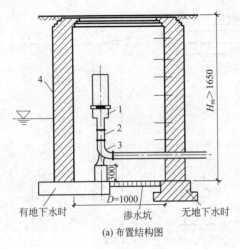

(a) 布置结构图	(b) 实物图

图 6-18 消防栓布置结构（单位：mm）

1—SX100 消火栓；2—短管；3—弯头支座；4—圆形阀门井

筑物不小于 5m，距车行道边不大于 2m，以便于消防车上水，并不应妨碍交通。一般情况下常设在人行道边。

6.6 园林排水系统附属构筑物

(1) 普通检查井构造

普通检查井高一般不小于 1.6m，井圈用混凝土浇筑，井盖为铸铁井盖。

检查井的功能是便于维护人员检查和清理，避免管道堵塞。检查井设置一般要注意以下几个问题：

① 直线管段上每隔 30～50m 要设一个检查井。

② 管道方向变化处、直径变化处、坡度变化处、管道交汇处都应设检查井。

③ 在出户管与室外排水管连接处，检查井中心距建筑物外墙一般不小于 3m，其尺寸和详细做法，有国家标准图 S231 可供选

用，如图 6-19 所示。

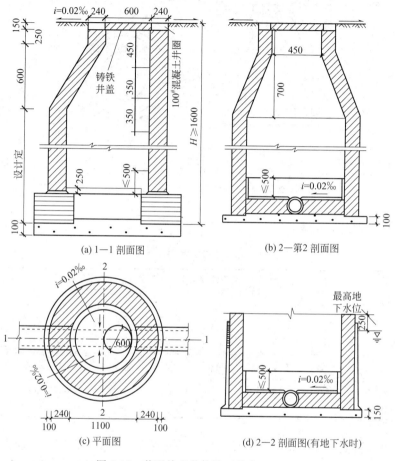

(a) 1—1 剖面图

(b) 2—第2 剖面图

(c) 平面图

(d) 2—2 剖面图(有地下水时)

图 6-19　普通检查井构造（单位：mm）

（2）圆形检查井

圆形检查井主要由基础、井室、肩部、井颈、井盖和井口组成，如图 6-20 所示。

对管渠系统做定期检查，必须设置检查井。检查井通常设在管渠交汇、转弯、管渠尺寸或坡度改变、跌水等处以及相隔一定的构造距离的直线管渠段上。检查井在直线管渠段上的最大间距，一般

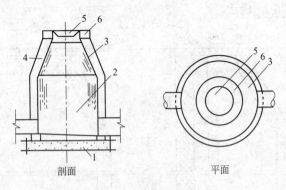

图 6-20　圆形检查井的构造

1—基础；2—井室；3—肩部；4—井颈；5—井盖；6—井口

可按表 6-3 采用。

表 6-3　检查井的最大间距

管别	管渠或暗渠净高/mm	最大距离/m
污水管道	<500	40
	500～700	50
	800～1500	75
	>1500	100
雨水管渠 合流管渠	<500	50
	500～700	60
	800～1500	100
	>1500	120

　　建造检查井的材料主要是砖、石、混凝土或钢筋混凝土。检查井的平面形状一般为圆形，大型管渠的检查井也有矩形或扇形的。井下的基础部分一般用混凝土浇筑，井身部分用砖砌成下宽上窄的形状，井口部分形成颈状。检查井的深度，取决于井内下游管道的埋深。为了便于检查人员上、下井室工作，井口部分的大小应能容纳人身的进出。

　　检查井基本上有两类，即雨水检查井和污水检查井。在合流制排水系统中，只设雨水检查井。

（3）雨水口的构造

雨水口主要由基础、井身、井口、井算、井室等组成，如图6-21所示。雨水口是在雨水管渠或合流管渠上收集雨水的构筑物。其底部及基础可用C15混凝土做成，尺寸在1200mm×900mm×100mm以上。井身、井口可用混凝土浇制，也可以用砖砌筑，砖壁厚240mm。为了避免过快的锈蚀和保持较高的透水率，井算应当用铸铁制作，算条宽15mm左右，间距20～30mm。雨水口的水平截面一般为矩形，长1m以上，宽0.8m以上。竖向深度一般为1m左右，井身内需要设置沉泥槽时，沉泥槽的深度不应小于12cm。雨水管的管口设在井身的底部。

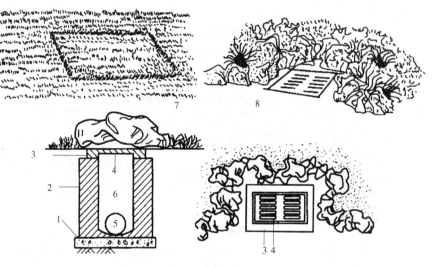

图6-21　雨水口的构造

1—基础；2—井身；3—井口；4—井算；5—支管；6—井室；

7—草坪窨井盖；8—山石维护雨水口

与雨水管或合流制干管的检查井相接时，雨水口支管与干管的水流方向以在平面上呈60°角为好。支管的坡度一般不应小于1‰。雨水口呈水平方向设置时，井算应略低于周围路面及地面3cm左右，并与路面或地面顺接，以方便雨水的汇集和泄入。

（4）化粪池

化粪池的井口直径一般为 700mm，井壁厚为 240mm，化粪池池壁厚为 370mm，化粪池一般有 3 个方向的进水管和 3 个方向的出水管，进水管与出水管距地面的距离为 750～2500mm。其构造如图 6-22 所示。

化粪池的位置选择：

① 为保护给水水源不受污染，池外壁距地下构筑物不应小于 30m、距建筑物外墙不宜小于 20m。

② 化粪池布设在常年最多风向的下风向。

③ 地势有起伏的，则应将池设在较高处，以防降雨后灌入池内。

④ 池的进出水管应尽可能短而直，以求水流畅通和节省投资。

化粪池的大小依据建筑物的性质和最大使用人数来设计，见表 6-4。

表 6-4　化粪池的有效容积与建筑物的性质和最大使用人数

序号	有效容积/m³	建筑物性质及最大使用人数			
		医院、疗养院、幼儿园（有住宿）	住宅、集体宿舍、旅馆	办公楼、教学楼、工业企业生活间	公共食堂、影剧院、体育场
1	3.75	25	45	120	470
2	6.25	45	80	200	780
3	12.50	90	155	400	1600

（5）竖管式跌水井

竖管式跌水井的构造如图 6-23 所示。由于地势或其他因素的影响，使得排水管道在某地段的高程落差超过 1m 时，就需要在该处设置一个具有水力消能作用的检查井，这就是跌水井。

竖管式跌水井一般适用于管径不大于 400mm 的排水管道上。井内允许的跌落高度，因管径的大小而异。管径不大于 200mm 时，一级的跌落高度不宜超过 6m。

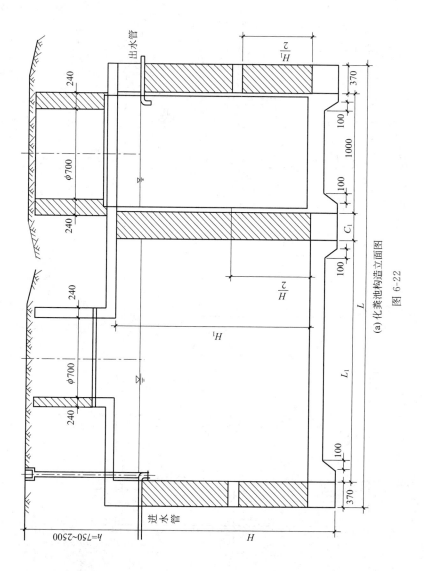

(a) 化粪池构造立面图

图 6-22

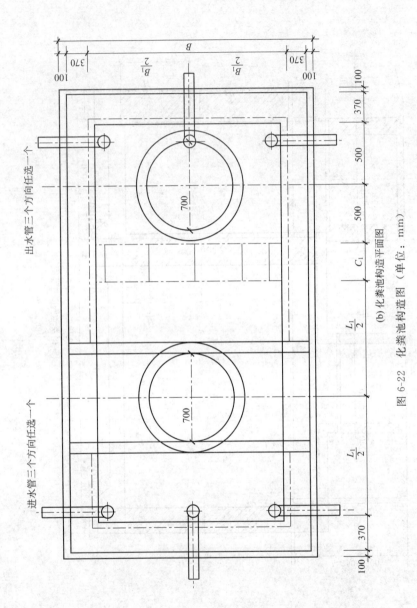

（b）化粪池构造平面图

图 6-22 化粪池构造图（单位：mm）

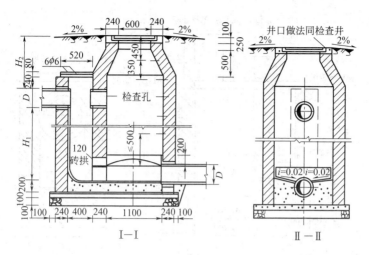

I—I

II—II

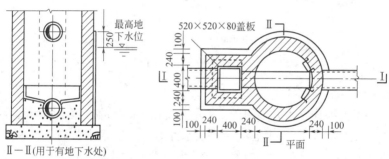

II—II(用于有地下水处)

平面

图 6-23　竖管式跌水井（单位：mm）

注：1. 本图适用于管径 150～400mm 污水管线，跌落高度 H_1<2000mm，H_2 由设计决定。

2. 井内检查孔直径与管径同。

（6）阶梯式跌水井

阶梯式跌水井的构造如图 6-24 所示。阶梯式跌水井的阶梯跌差应小于 4000mm，并用 1：3 水泥砂浆抹面，管道应伸入管基 50mm。井壁厚度为 370mm，井座壁厚 240mm，井盖为 C7.5 钢筋混凝土盖板。

（7）溢流堰式跌水井

溢流堰式跌水井的深度 H 一般为 2500～6000mm，如图 6-25

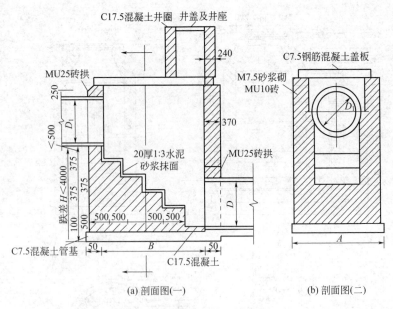

图 6-24 阶梯式跌水井（单位：mm）

所示。

溢流堰式跌水井多用于 400mm 以上大管径的管道上。当管径大于 400mm，而采用溢流堰式跌水井时，其跌水水头高度、跌水方式及井身长度等，都应通过有关水力学公式计算求得。

(8) 倒虹管

由于排水管道在园路下布置时有可能与其他管线发生交叉，而它也是一种重力自流式的管道，因此，要尽可能在管线综合中解决好交叉时管道之间的标高关系，但有时受地形所限，如遇到要穿过沟渠和地下障碍物时，排水管道就不能按照正常情况敷设，而不得不以一个下凹的折线形式从障碍物下面穿过，这段管道就成了倒置的虹吸管，即所谓的倒虹管。

由图 6-26 中可以看到，一般排水管网中的倒虹管是由进水井、下行管、平行管、上行管和出水井等部分构成的，倒虹管采用的最小管径为 200mm，管内流速一般为 1.2～1.5m/s，同时不得低于

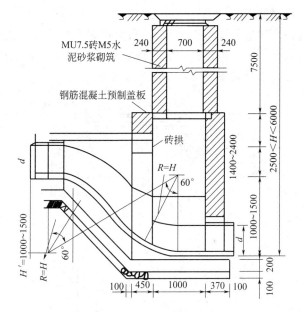

图 6-25　溢流堰式跌水井构造（单位：mm）

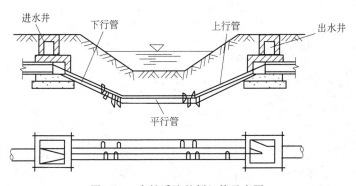

图 6-26　穿越溪流的倒虹管示意图

0.9m/s，并应大于上游管内流速。平行管与上行管之间的夹角不应小于150°，要保证管内的水流有较好的水力条件，以防止管内污物滞留。为了减少管内泥砂和污物淤积，可在倒虹管进水井之前的检查井内，设一沉淀槽，使部分泥砂污物在此预沉下来。

(9) 水封井

水封井的构造如图 6-27 所示。当生产污水能产生引发爆炸或火灾的气体时，其管道系统中必须设置水封井。水封井设在生产上述污水的排出口处及干管上每隔适当距离处。

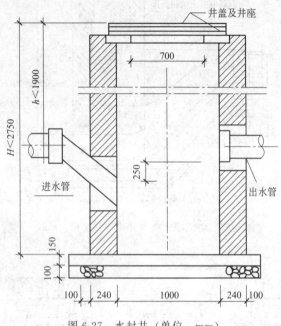

图 6-27　水封井（单位：mm）

水封深度应采用 0.25m，井上宜设通风设施，井底应设沉泥槽。

水封井以及同一管道系统中的其他检查井，均不应设在车行道和行人众多的地段，并远离产生明火的场地。

园林供电工程

7.1 照明网络的布置

照明网络一般采用 380V/220V 中性点接地的三相四线制系统，灯用电压 220V。

为了便于检修，每回路供电干线上连接的照明配电箱一般不超过 3 个，室外干线向各建筑物等供电时不受此限制。

室内照明支线每一单相回路一般采用不大于 15A 的熔断器或自动空气开关保护，对于安装大功率灯泡的回路允许增大到 20～30A。

每一条单相回路（包括插座）一般不超过 25 个，当采用多管荧光灯具时，允许增大到 50 根灯管。

照明网络零线（中性线）上不允许装设熔断器，但在办公室、生活福利设施及其他环境正常场所，当电气设备无接零要求时，其单相回路零线上宜装设熔断器。

一般配电箱的安装高度为中心距地 1.5m，若控制照明在配电箱内进行，则配电箱的安装高度可以提高到 2m 以上。

拉线开关安装高度一般在距地面 2～3m（或者距顶棚 0.3m），其他各种照明开关安装高度宜为 1.3～1.5m。

一般室内暗装的插座，安装高度为 0.3～0.5m（安全型）或

1.3～1.8m（普通型）；明装插座安装高度为 1.3～1.8m，低于 1.3m 时应采用安全插座；潮湿场所的插座，安装高度距地面不应低于 1.5m；儿童活动场所（如住宅、托儿所、幼儿园及小学）的插座，安装高度距地面不应低于 1.8m（安全型插座例外）。同一场所安装的插座高度应尽量一致。

7.2 园灯的安装

园灯在功能上一方面是保证园路夜间交通安全，另一方面园灯也可结合造景，尤其对于夜景，园灯是重要的造景要素。

园灯的布置，在公园入口、开阔的广场，应选择发光效果较高的直射光源，灯杆的高度应根据广场的大小而定，一般为 5～10m。灯的间距为 35～40m。在园路两旁的灯光要求照度均匀。由于树木的遮挡，灯不宜悬挂过高，一般为 4～6m。灯杆的间距为 30～60m，如为单杆顶灯，则悬挂高度为 2.5～3m，灯距为 20～25m。在道路交叉口或空间的转折处应设指示园灯。在某些环境如踏步、草坪、小溪边可设置地灯，特殊处还可采用壁灯。在雕塑等处，可使用探照灯光、聚光灯、霓虹灯等。景区、景点的主要出入口、广场、林荫道、水面等处，可结合花坛、雕塑、水池、步行道等设置庭院灯，庭院灯多为 1.5～4.5m 的灯柱，灯柱多采用钢筋混凝土或钢制成，基座常用砖或混凝土、铸铁等制成，灯型多样。适宜的形式不仅起照明作用，而且起着美化装饰作用，并且还有指示作用，便于夜间识别，如图 7-1 所示。

（1）灯架、灯具安装

按设计要求测出灯具（灯架）安装高度，在电杆上画出标记。

将灯架、灯具吊上电杆（较重的灯架、灯具可使用滑轮、大绳吊上电杆），穿好抱箍或螺栓，按设计要求找好照射角度，调好平整度后，将灯架紧固好。

成排安装的灯具其仰角应保持一致，排列整齐。

图 7-1 园灯

（2）配接引下线

将针式绝缘子固定在灯架上，将导线的一端在绝缘子上绑好回头，并分别与灯头线、熔断器进行连接。将接头用橡胶布和黑胶布半幅重叠各包扎一层。然后，将导线的另一端拉紧，并与路灯干线背扣后进行缠绕连接。

每套灯具的相线应装有熔断器，且相线应接螺口灯头的中心端子。

引下线与路灯干线连接点距杆中心应为 400～600mm，且两侧对称一致。

引下线凌空段不应有接头，长度不应超过 4m，超过时应加装固定点或使用钢管引线。

导线进出灯架处应套软塑料管，并做防水弯。

（3）试灯

全部安装工作完毕后，送电、试灯，并进一步调整灯具的照射角度。

7.3 霓虹灯的安装

（1）霓虹灯管安装

霓虹灯管由 ϕ10～20mm 的玻璃管弯制做成。灯管两端各装一个电极，玻璃管内抽成真空后，再充入氖、氦等惰性气体作为发光的介质，在电极的两端加上高压，电极发射电子激发管内惰性气体，使电流导通灯管发出红、绿、蓝、黄、白等不同颜色的光束。

霓虹灯管本身容易破碎，管端部还有高电压，因此应安装在人不易触及的地方，并不应和建筑物直接接触，固定后的灯管与建筑物、构筑物表面的最小距离不宜小于20mm。

安装霓虹灯灯管时，一般用角铁做成框架，框架既要美观、又要牢固，在室外安装时还要经得起风吹雨淋。

安装时，应在固定霓虹灯灯管的基面上（如立体文字、图案、广告牌和牌匾的面板等），确定霓虹灯每个单元（如一个文字）的位置。灯体组装时要根据字体和图案的每个组成件（每段霓虹灯管）所在位置安设灯管支持件（也称灯架），灯管支持件要采用绝缘材料制品（如玻璃、陶瓷、塑料等），其高度不应低于4mm，支持件的灯管卡接口要和灯管的外径相匹配。支持件宜用一个螺钉固定，以便调节卡接口与灯管的衔接位置。灯管和支持件要用绑线绑扎牢靠，每段霓虹灯管其固定点不得少于2处，在灯管的较大弯曲处（不含端头的工艺弯折）应加设支持件。霓虹灯管在支持件上装设不应承受应力。

霓虹灯管要远离可燃性物质，其距离至少应在30cm以上；和其他管线应有150mm以上的间距，并应设绝缘物隔离。

霓虹灯管出线端与导线连接应紧密可靠以防打火或断路。

安装灯管时应用各种玻璃或瓷制、塑料制的绝缘支持件固定。有的支持件可以将灯管直接卡入，有的则可用 ϕ0.5mm 的裸细铜丝扎紧，如图 7-2 所示。安装灯管时且不可用力过猛，再用螺钉将灯管支持件固定在木板或塑料板上。

室内或橱窗里的霓虹灯管安装时，在框架上拉紧已套上透明玻璃管的镀锌钢丝，组成 200～300mm 间距的网格，然后将霓虹灯管用 ϕ0.5mm 的裸铜丝或弦线等与玻璃管铰紧即可，如图 7-3 所示。

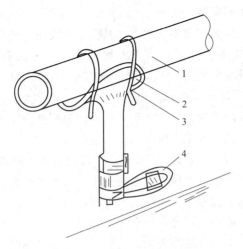

图 7-2　霓虹灯管支持件固定

1—霓虹灯管；2—绝缘支持件；3—φ0.5mm裸细铜丝；4—固定螺钉

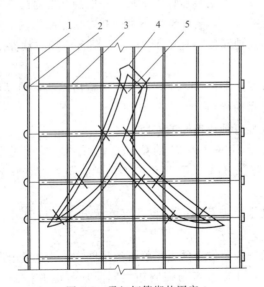

图 7-3　霓虹灯管绑扎固定

1—型钢框架；2—φ1.0mm镀锌钢丝；3—玻璃套管；

4—霓虹灯管；5—φ0.5mm裸铜丝

（2）变压器安装

变压器应安装在角钢支架上，其支架宜设在牌匾、广告牌的后面或旁侧的墙面上，支架如埋入地面固定，埋入深度不得少于120mm；如用胀管螺栓固定，螺栓规格不得小于 M10。角钢规格宜在∟35mm×35mm×4mm 以上。

变压器要用螺栓紧固在支架上，或用扁钢抱箍固定。变压器外皮及支架要做接零（地）保护。

变压器在室外明装其高度应在 3m 以上，距离建筑物窗口或阳台也应以人不能触及为准，如上述安全距离不足或将变压器明装于屋面、女儿墙、雨篷等人易触及的地方，均应设置围栏并覆盖金属网进行隔离、防护，以确保安全。

为防雨、雪和尘埃的侵蚀，可将变压器装于不燃或难燃材料制作的箱内加以保护，金属箱要做保护接零（地）处理。

霓虹灯变压器应紧靠灯管安装，一般隐蔽在霓虹灯板之后，可以减短高压接线，但要注意切不可安装在易燃品周围。安装在室外的变压器，离地高度不宜低于 3m，离阳台、架空线路等距离不应小于 1m。

霓虹灯变压器的铁芯、金属外壳、输出端的一端以及保护箱等均应进行可靠的接地。

（3）霓虹灯低压电路的安装

对于容量不超过 4kW 的霓虹灯，可采用单相供电，对超过4kW 的大型霓虹灯，需要提供三相电源，霓虹灯变压器要均匀分配在各相上。

在霓虹灯控制箱内一般装设有电源开关、定时开关和控制接触器。

控制箱一般装设在邻近霓虹灯的房间内。为防止在检修霓虹灯时触及高压，在霓虹灯与控制箱之间应加装电源控制开关和熔断器，在检修灯管时，先断开控制箱开关再断开现场的控制开关，以防止造成误合闸而使霓虹灯管带电的危险。

霓虹灯通电后，灯管内会产生高频噪声电波，它将辐射到霓虹灯的周围，会严重干扰电视机和收音机的正常使用。为了避免这种情况发生，只要在低压回路上接装一个电容器就可以了。

（4）霓虹灯高压线的连接

霓虹灯专用变压器的二次导线和灯管间的连接线，应采用额定电压不低于 15kV 的高压尼龙绝缘线。霓虹灯专用变压器的二次导线与建筑物、构筑物表面之间的距离均不应大于 20mm。

高压导线支持点间的距离，在水平敷设时为 0.5m；垂直敷设时，支持点间的距离为 0.75m。

高压导线在穿越建筑物时，应穿双层玻璃管加强绝缘，玻璃管两端须露出建筑物两侧，长度各为 50～80mm。

7.4　彩灯的安装

安装彩灯时，应使用钢管敷设，严禁使用非金属管作敷设支架。

管路安装时，首先按尺寸将镀锌钢管（厚壁）切割成段，端头套丝，缠上油麻，将电线管拧紧在彩灯灯具底座的丝孔上，勿使漏水，这样将彩灯一段一段连接起来。然后按画出的安装位置线就位，用镀锌金属管卡将其固定，固定在距灯位边缘 100mm 处，每管设一卡就可以了。固定用的螺栓可采用塑料胀管或镀锌金属胀管螺栓。不得打入木楔用木螺钉固定，否则容易松动脱落。

管路之间（即灯具两旁）应用不小于 $\phi 6mm$ 的镀锌圆钢进行跨接连接。

彩灯装置的配管本身也可以不进行固定，而固定彩灯灯具底座。在彩灯灯座的底部原有圆孔部位的两侧，顺线路的方向开一长孔，以便安装时进行固定位置的调整和管路热胀冷缩时有自然调整的余地，见图 7-4。

土建施工完成后，在彩灯安装部位，顺线路的敷设方向拉通线

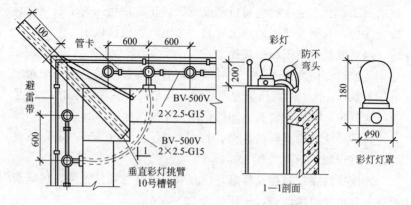

图 7-4　固定式彩灯装置做法（单位：mm）

定位。根据灯具位置及间距要求，沿线打孔埋入塑料胀管。把组装好的灯底座及连接钢管一起放到安装位置（也可边固定边组装），用膨胀螺钉将灯座固定。

彩灯穿管导线应使用橡胶铜导线敷设。

彩灯装置的钢管应与避雷带（网）进行连接，并应在建筑物上部将彩灯线路线芯与接地管路之间接以避雷器或放电间隙，借以控制放电部位，减少线路损失。

较高的主体建筑，垂直彩灯的安装一般采用悬挂方法，安装较方便。但对于不高的楼房、塔楼、水箱间等垂直墙面也可采用镀锌管沿墙垂直敷设的方法。

彩灯悬挂敷设时要制作悬具，悬具制作较繁复，主要材料是钢丝绳、拉紧螺栓及其附件，导线和彩灯设在悬具上。彩灯是防水灯头和彩色白炽灯泡。

悬挂式彩灯多用于建筑物的四角无法装设固定式的部位。采用防水吊线灯头连同线路一起悬挂于钢丝绳上，悬挂式彩灯导线应采用绝缘强度不低于 500V 的橡胶铜导线，截面不应小于 $4mm^2$。灯头线与干线的连接应牢固，绝缘包扎紧密。导线所载灯具重量的拉力不应超过该导线的允许机械强度，灯的间距一般为 700mm，距地面 3m 以下的位置上不允许装设灯头。

7.5 配电线路的布置

(1) 确定电源供给点

公园绿地的电力来源，常见的有以下几种：

① 就近借用现有变压器，但必须注意该变压器的多余容量是否能满足新增园林绿地中各用电设施的需要，且变压器的安装地点与公园绿地用电中心之间的距离不宜太长。中小型公园绿地的电源供给常采用此法。

② 利用附近的高压电力网，向供电局申请安装供电变压器，一般用电量较大（70～80kW 以上）的公园绿地最好采用此种方式供电。

③ 如果公园绿地（特别是风景点、区）离现有电源太远或当地供电能力不足时，可自行设立小发电站或发电机组以满足需要。

一般情况下，当公园绿地独立设置变压器时，需向供电局申请安装变压器。在选择地点时，应尽量靠近高压电源，以减少高压进线的长度。同时，应尽量设在负荷中心或将要发展的负荷中心。表7-1 为常用电压电力线路的传输功率和传输距离。

表 7-1 常用电压电力线路的传输功率和传输距离

额定电压/kV	线路结构	输出功率/kW	输送距离/km
0.22	架空线	<50	<0.15
0.22	电缆线	<100	<0.20
0.38	架空线	<100	<0.25
0.38	电缆线	<175	<0.35
10	架空线	<3000	15～8
10	电缆线	<5000	10

(2) 配电线路的布置

公园绿地布置配电线路时，要全面统筹安排考虑，应注意以下原则：经济合理、使用维修方便，不影响园林景观；从供电点到用电点，要尽量取近，走直路，并尽量敷设在道路一侧，但不要影响周围建筑及景色和交通；地势越平坦越好，要尽量避开积水和水淹地区，避开山洪或潮水起落地带；在各具体用电点，要考虑到将来发展的需要，留足接头和插口，尽量经过可能开展活动的地段。因而，对于用电问题，应在公园绿地平面设计时就作出全面安排。

1）线路敷设形式　线路敷设形式可分为两大类，架空线和地下电缆。架空线工程简单，投资费用少，易于检修，但影响景观，妨碍种植，安全性差。而地下电缆的优缺点恰与架空线相反。目前在公园绿地中都尽量地采用地下电缆，尽管它一次性投资大些，但从长远的观点和发挥园林功能的角度出发，还是经济合理的。架空线仅常用于电源进线侧或在绿地周边不影响园林景观处，而在公园绿地内部一般均采用地下电缆。当然，最终采用什么样的线路敷设形式，应根据具体条件，进行技术经济评估之后才能确定。

2）线路组成

① 对于一些大型公园、游乐场、风景区等，其用电负荷大，常需要独立设置变电所，其主接线可根据其变压器的容量进行选择，具体设计应由电力部门的专业电气人员完成。

② 变压器——干线供电系统

a. 在大型园林及风景区中，常在负荷中心附近设置独立的变压器、变电所，但对于中、小型园林而言，常常不需要设置单独的变压器，而是由附近的变电所、变压器通过低压配电屏直接由一路或几路电缆供给的。当低压供电线采用放射式系统时，照明供电线可由低压配电所引出。

b. 对于中、小型园林，常在进园电源线的首端设置干线配电板，并配备进线开关、电度表以及各出线支路，以控制全园用电。动力、照明电源一般应单独设回路，仅对于远离电源的单独小型建筑物才考虑照明和动力合用供电线路。

c. 在低压配电所的每条回路供电干线上所连接的照明配电箱，一般不超过 3 个。每个用电点（如建筑物）进线处应装刀开关和熔断器。

d. 一般园内道路照明可设在警卫室等处进行控制，道路照明除各回路有保护处，灯具也可单独加熔断器进行保护。

e. 大型游乐场的一些动力设施应由专门的动力供电系统供电，并有相应的措施保证安全、可靠供电，以保障游人的生命安全。

③ 照明网络。照明网络的布置参照"7.1　照明网络的布置"。

参 考 文 献

[1] 闫宝兴，程炜．水景工程［M］．北京：中国建筑工业出版社，2005．

[2] 毛培琳，朱志红．中国园林假山［M］．北京：中国建筑工业出版社，2004．

[3] 唐春林．园林工程与施工［M］．北京：中国建筑工业出版社，1999．

[4] 孙慧修，等．排水工程［M］．北京：中国建筑工业出版社，1999．

[5] 毛培琳．喷泉设计［M］．北京：中国建筑工业出版社，1990．

[6] 田园．园林动态水景［M］．沈阳：辽宁科学技术出版社，2004．

[7] 窦奕．园林小品及园林小建筑［M］．合肥：安徽科学技术出版社，2003．

[8] 吴志华．园林工程施工与管理［M］．北京：中国农业出版社，2001．

[9] 吴俊奇，付婉霞，曹秀芹．给水排水工程［M］．北京：中国水利水电出版社，2004．

[10] 赵兵．园林工程［M］．南京：东南大学出版社，2004．

[11] 邹原东．园林绿化设计与施工图文精解［M］．南京：江苏人民出版社，2012．

[12] 郭春华．园林工程［M］．北京：化学工业出版社，2012．

[13] 邓宝忠，陈科东．园林工程施工技术［M］．北京：科学出版社，2013．